解 读 地 球 密 码

丛书主编 孔庆友

天然宝库

湿地

Wetlands

Natural Treasure-houses

本书主编 陈国栋 张 超

山东科学技术出版社

·济南·

图书在版编目（CIP）数据

天然宝库——湿地 / 陈国栋，张超主编 . -- 济南：
山东科学技术出版社，2016.6（2023.4 重印）
（解读地球密码）
ISBN 978-7-5331-8357-8

Ⅰ . ①天… Ⅱ . ①陈… ②张… Ⅲ . ①沼泽化
地—普及读物 Ⅳ . ① P931.7-49

中国版本图书馆 CIP 数据核字（2016）第 141403 号

丛书主编 孔庆友
本书主编 陈国栋 张 超

天然宝库——湿地
TIANRAN BAOKU——SHIDI

责任编辑：梁天宏 宋丽群
装帧设计：魏 然

————————————————————————

主管单位：山东出版传媒股份有限公司
出 版 者：山东科学技术出版社
　　　　　地址：济南市市中区舜耕路 517 号
　　　　　邮编：250003 电话：（0531）82098088
　　　　　网址：www.lkj.com.cn
　　　　　电子邮件：sdkj@sdcbcm.com
发 行 者：山东科学技术出版社
　　　　　地址：济南市市中区舜耕路 517 号
　　　　　邮编：250003 电话：（0531）82098067
印 刷 者：三河市嵩川印刷有限公司
　　　　　地址：三河市杨庄镇肖庄子
　　　　　邮编：065200 电话：（0316）3650395

————————————————————————

规格：16 开（185 mm×240 mm）
印张：8.25 字数：149 千
版次：2016 年 6 月第 1 版 印次：2023 年 4 月第 4 次印刷
定价：35.00 元

审图号：GS（2017）1091 号

普及地质科学知识
提高民族科学素质

李廷栋
2016年元月

传播地学知识，弘扬科学精神，
践行绿色发展观，为建设
美好地球村而努力。

翟裕生
2015年10月

贺　词

　　自然资源、自然环境、自然灾害，这些人类面临的重大课题都与地学密切相关，山东同仁编著的《解读地球密码》科普丛书以地学原理和地质事实科学、真实、通俗地回答了公众关心的问题。相信其出版对于普及地学知识，提高全民科学素质，具有重大意义，并将促进我国地学科普事业的发展。

国土资源部总工程师

　　编辑出版《解读地球密码》科普丛书，举行业之力，集众家之言，解地球之理，展齐鲁之貌，结地学之果，蔚为大观，实为壮举，必将广布社会，流传长远。人类只有一个地球，只有认识地球、热爱地球，才能保护地球、珍惜地球，使人地合一、时空长存、宇宙永昌、乾坤安宁。

山东省国土资源厅副厅长

编著者寄语

★ 地学是关于地球科学的学问。它是数、理、化、天、地、生、农、工、医九大学科之一，既是一门基础科学，也是一门应用科学。

★ 地球是我们的生存之地、衣食之源。地学与人类的生产生活和经济社会可持续发展紧密相连。

★ 以地学理论说清道理，以地质现象揭秘释惑，以地学领域广采博引，是本丛书最大的特色。

★ 普及地球科学知识，提高全民科学素质，突出科学性、知识性和趣味性，是编著者的应尽责任和共同愿望。

★ 本丛书参考了大量资料和网络信息，得到了诸作者、有关网站和单位的热情帮助和鼎力支持，在此一并表示由衷谢意！

科学指导

李廷栋　中国科学院院士、著名地质学家
翟裕生　中国科学院院士、著名矿床学家

编著委员会

目 录
CONTENTS

调蓄洪水/18

湿地是天然的调节器，具有调节径流、控制洪水的生态功能。它对区域防洪、抗旱和减灾起着举足轻重的作用。自从人类诞生以来，我们就一直在其恩惠下繁衍生息。

净化水质/20

湿地是出色的"清洁工"，它不仅可以净化水质，而且可以滞留沉积物和营养物质等，使之在湿地的怀抱中发生各种各样的物理、化学或生物学变化，从而消除对人类的不利影响。

维护生物多样性/24

湿地是生物多样性的保护神。因为湿地，世界才如此美丽；因为湿地，鸟儿可以快乐地飞翔；因为湿地，鱼儿可以愉悦地游戏。所有这一切，都静静地融化在湿地的怀抱之中……

调节气候/28

调节气候是湿地的又一功能，湿地及湿地植物通过水分循环和大气组分的改变调节局部地区的温度、湿度和降水状况，调节相关区域内的风、温度、湿度等气候要素，从而减轻干旱、风沙、冻灾、土壤沙化，防止土壤养分流失，改善土壤状况。

Part 3 湿地资源宝库

生物的家园/32

湿地是植物的海洋：狭义的湿地植物是水生植物和陆生植物之间的过渡类型，广义的湿地植物则包括沼生植物、湿生植物和水生植物三种类型；湿地是动物的乐园：是它们栖息觅食的场所，是它们生儿育女的家园，是它们避难的港湾……

水资源的涵养地/41

水与湿地关系密切。湿地是水资源的重要储存者和持续补给者，在蓄水、调节河川径流、补给地下水、改善水质和维持区域水循环中发挥着重大作用。没有湿地，就没有丰富的水资源。

矿产资源的富集地/43

湿地为人类社会的工业经济发展提供食盐、芒硝、天然碱、石膏等多种原料，以及硼、锂等多种稀有金属矿藏。中国的一些重要油田亦都分布在湿地区域。除此之外，湿地还提供了丰富的能源（水电、泥炭、薪材）和水运航道。

土地资源的供应站/44

土地是湿地的依托，湿地是土地的重要表现形式。湿地土地资源是人类赖以生存和发展的物质基础和环境条件，是社会生产和生活活动中最为基础的生产资料。湿地为人类提供了肥沃的土壤、广袤的湿地森林、一望无际的湿地草场……

魅力无穷的湿地美景/45

有人喜欢游览名山大川，有人喜欢欣赏一望无垠的沙漠戈壁，不同的景观有不同的韵致，但可以肯定的是没有人不喜欢山清水秀的美景。湿地不仅为湿地生物提供了良好的栖息地，也为我们人类提供了魅力无穷的湿地美景。

世界湿地掠影

世界湿地分布/48

全球湿地面积大、类型多、分布广，除南极洲外，全球各地均可见湿地的踪迹。全球湿地中2%为湖泊、30%为泥塘、26%为泥沼、20%为沼泽、15%为泛滥平原。它们是人类极其宝贵的自然财富，也孕育了人类文明，更为人类带来了福利。

世界六大湿地/49

世界上著名的湿地很多，各大洲均有分布。本节主要介绍了潘塔纳尔沼泽地、奥卡万戈三角洲湿地、佛罗里达大沼泽湿地、圣卢西亚湿地、顺天湾湿地和卡玛格湿地等六个世界上最为著名的湿地。

中国湿地大观

中国湿地分布/62

中国湿地面积广阔，位居亚洲第一位，世界第四位；湿地类型多样，湿地公约中31类天然湿地和9类人工湿地在中国均有分布。截止2015年底，全国已建立49个国际重要湿地、570多个湿地自然保护区和900多个湿地公园。

Part 7 呵护湿地

呻吟中的湿地/102

曾几何时，我们怀着改造大自然的梦想，消灭沼泽、围湖造田、束水行洪、开发滩涂，结果却遭到大自然无情的报复：湿地萎缩干涸，沙尘肆虐，大海不再蔚蓝，河湖不再清澈，飞禽走兽消失了踪影，洪水海啸吞噬了人类的家园……

拯救湿地在行动/107

随着全世界逐渐改变对湿地的认识，湿地作为生态系统已经开始受到重视和保护，席卷全世界的拯救湿地行动拉开了序幕。我国亦不例外，在保护湿地方面取得了长足进步。然而，湿地破坏并未受到完全遏制，保护湿地任重而道远。

地学知识窗

Part 1 湿地概念释义

湿地是一种介于水、陆之间的独特、复杂的生态系统，与森林、海洋并

称为全球三大生态系统。湿地被誉为"地球之肾"。

朋友，您去过湿地吗？

您认识湿地吗？您了解湿地吗？

现在，就让我们一起走进那神奇美妙的世界！

湿地的概念

湿地是一种介于水、陆之间的独特、复杂的生态系统，也是地球上最重要的生态系统之一。在世界自然保护大纲中，湿地与森林、海洋并称为全球三大生态系统。

湿地几乎遍布世界各地，但是人类对湿地真正认识只是近半个世纪的事。尽管目前国内外对湿地的定义还不完全一致，但是《湿地公约》的定义已经被各缔约国较为普遍地接受。

"湿地系指不问其为天然或人工、常久或暂时之沼泽地、湿原、泥炭地或水域地带，带有或静止的或流动的、或为淡水、微咸水或为咸水的水体者，包括低潮时水深不超过6米的浅海区域。"

按此定义，湿地包括湖泊、河流、沼泽（森林沼泽、藓类沼泽和草本沼泽）、滩地（河滩、湖滩和沿海滩涂）、盐湖、盐沼以及海岸带区域的珊瑚礁、海草区、红树林和河口等。

《湿地公约》提出的湿地定义有助于湿地的保护和管理。

本书中的湿地概念亦采用《湿地公约》对湿地的定义。

——地学知识窗——

湿地公约

1971年2月2日，来自18个国家的代表在伊朗南部海滨小城拉姆萨尔签署了一个旨在保护和合理利用全球湿地的公约——《关于特别是作为水禽栖息地的国际重要湿地公约》

（Convention on Wetlands of International Importance Especially as Waterfowl Habitat，简称《湿地公约》）。该公约于1975年12月21日正式生效，至2011年11月，共有160个缔约成员。1996年《湿地公约》常务委员会决定，从1997年起，将每年的2月2日定为世界湿地日。

《湿地公约》是政府间进行湿地保护和管理的一个协定，为湿地的国际合作提供了一个框架。其宗旨是通过各成员国之间的合作加强对世界湿地资源的保护及合理利用，以实现生态系统的持续发展。目前《湿地公约》已成为国际重要的自然保护公约之一，1 000多块在生态学、植物学、动物学、沼泽学或水文学方面具有独特意义的湿地被列入国际重要湿地名录。

中国于1992年加入《湿地公约》，并于当年通过申请将首批7个湿地保护区列入《国际重要湿地名录》。国家林业局还专门成立了《湿地公约》履约办公室。到2015年底，我国已经有49块湿地被列入《湿地公约》的国际重要湿地名录。

湿地的类型

同湿地的定义一样，由于湿地研究的目的和方法以及湿地的地域性差异等原因，不同的国家甚至同一国家不同的学派或学者在湿地分类上表现出明显的不同。目前采用比较广泛的是《湿地公约》的分类系统，共分为海洋/海岸湿地、内陆湿地和人工湿地3大类，42型（表1-1）。其中海洋/海岸湿地12型，内陆湿地20型，人工湿地10型。在《湿地公约》分类系统的基础上，结合我国的湿地资源状况，将我国常见的湿地分为5类34型，即近海与海岸湿地（12型）、湖泊湿地（4型）、沼泽湿地（9型）、河流湿地（4型）和人工湿地（5型）。

表1-1 《湿地公约》分类体系

湿地系统	湿地大类	湿地型	公约指定代码	说明
天然湿地	海洋/海岸湿地	浅海水域	A	低潮时水位在6米以内水域，包括海湾和海峡
		海草床	B	潮下藻类、海草、热带海草植物生长区
		珊瑚礁	C	珊瑚礁及其临近水域
		岩石海岸	D	海岸岛礁及海边峭壁
		沙滩、砾石与卵石滩	E	滨海沙洲、沙岛、沙丘及丘间沼泽
		河口水域	F	河口水域和河口三角洲水域
		滩涂	G	潮间带泥滩、沙滩和海岸、其他淡水沼泽
		盐沼	H	滨海盐沼、盐化草甸
		红树林沼泽	I	海岸咸、淡水森林沼泽
		咸水、碱水潟湖	J	有通道与海水相连的咸水、碱水潟湖
		海岸淡水潟湖	K	淡水三角洲潟湖
		海滨岩溶洞穴水系	Zk (a)	海滨岩溶洞穴
	内陆湿地	内陆三角洲	L	内陆河流三角洲
		河流	M	河流及其支流、溪流、瀑布
		时令河	N	季节性、间歇性、不规则性小河、小溪
		湖泊	O	面积大于8公顷的淡水湖泊，包括大型牛轭湖
		时令湖	P	季节性、间歇性淡水湖，面积大于8公顷
		盐湖	Q	咸水、半咸水、碱水湖
		时令盐湖	R	季节、间歇性咸水、半咸水湖及其浅滩
		内陆盐沼	Sp	内陆盐沼及其泡沼
		时令盐沼	Ss	季节性盐沼及其泡沼

（续表）

湿地系统	湿地大类	湿地型	公约指定代码	说明
天然湿地	内陆湿地	淡水草本沼泽	Tp	草本沼泽及面积小于8公顷生长植物的泡沼
		泛滥地	Ts	季节性洪泛地、湿草甸和面积小于8公顷的泡沼
		草本泥炭地	U	藓类泥炭地和草本泥炭地（无林泥炭地不在此列）
		高山湿地	Va	高山草甸、融雪形成的暂时水域
		苔原湿地	Vt	高山苔原、融雪形成的暂时水域
		灌丛湿地	W	灌丛为主的淡水沼泽，无泥炭积累
		淡水森林沼泽	Xf	淡水森林沼泽、季节性泛滥森林沼泽
		森林泥炭地	Xp	森林泥炭地
		淡水泉	Y	淡水泉及绿洲
		地热湿地	Zg	温泉
		内陆岩溶洞穴水系	Zk（b）	地下溶洞水系
人工湿地	人工湿地	鱼虾养殖塘	1	鱼虾养殖池塘
		水塘	2	农用池塘、储水池塘，面积小于8公顷
		灌溉地	3	灌溉渠系与稻田
		农用洪泛湿地	4	季节性泛滥农用地，包括集约管护和放牧的草地
		盐田	5	采盐场
		蓄水区	6	水库、拦河坝、堤坝形成的大于8公顷的储水区
		采掘区	7	积水取土坑、采矿地

（续表）

湿地系统	湿地大类	湿地型	公约指定代码	说明
人工湿地	人工湿地	污水处理场	8	污水场、处理池和氧化塘等
		运河、排水渠	9	输水渠系
		地下输水系统	Zk（c）	人工管护的岩溶洞穴水系等

注：Dugan，1990

1. 近海及海岸湿地

近海及海岸湿地发育在陆地与海洋之间，是海洋和大陆相互作用最强烈的地带，生物多样性丰富、生产力高，在全球变化、防风护岸、降解污染、调节气候等诸多方面具有重要价值。

我国近海及海岸湿地主要分布于沿海11个省（自治区）和港、澳、台地区。海域沿岸有1 500多条大中河流入海，形成浅海滩涂生态系统、河口海湾生态系统、海岸湿地生态系统、红树林生态系统（图1-1）、珊瑚礁生态系统、海岛生态系统等6大类，30多个类型。滨海湿地以杭州湾为界分为南、北两部分。北部多为

图1-1 近海湿地·红树林沼泽

沙质和淤泥质海滩（除山东和辽东半岛部分地区为岩石性海岸外），植物生长繁茂，潮间带无脊椎动物丰富，浅水区鱼类较多，为鸟类提供了丰富的食物来源和良好的栖息场所；南部以岩石性海滩为主，主要河口及海湾有钱塘江口—杭州湾、晋江口—泉州湾、珠江河口湾和北部湾等，在海湾或河口的淤泥质海滩分布有红树林，在西沙、南沙及台湾、海南沿海，北缘可达北回归线附近分布有热带珊瑚礁。近海及海岸湿地多分布在河口三角洲、沙丘间洼地、堤外洼地、潟湖及潮间、潮下带（图1-2）。

近海及海岸湿地主要有以下几种类型：

①红树林沼泽：分布在潮间带，以红树植物为主。

②海草湿地：位于海洋低潮线以下潮下水生层，生长海草植被，植物盖度≥30%。

③潮间盐沼：由盐生植物组成，常

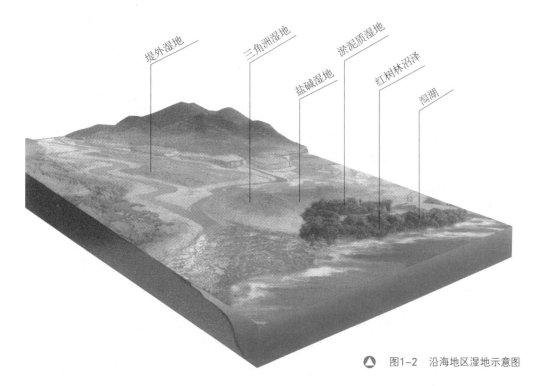

堤外湿地　　三角洲湿地　　淤泥质湿地

盐碱湿地　　红树林沼泽

潟湖

见碱蓬茅草、盐地碱蓬、辽宁碱蓬、角碱蓬、海三棱藨草、獐茅杂草等，植物盖度≥30%。

④潮间淤泥质海滩：植物盖度≤30%，底质以淤泥为主。

2. 湖泊湿地

我国幅员辽阔，全国各地都有湖泊存在。从高山到平原，从大陆到岛屿，从湿润区到干旱区都有天然湖泊的身影，即使干旱的沙漠地区与严寒的青藏高原也不例外。由于地区差异、风俗习惯、语言的不同，不同的民族对湖泊有着不同的称谓，如在太湖流域称荡、漾、塘和沈，松辽地区称泡或咸泡子，内蒙古称诺尔、淖或海子……

根据相关资料显示，全国现有大于1.0平方千米的天然湖泊2 800多个，其总面积约8万平方千米，约占全国陆地面积的0.8%。这些湖泊有的在高山，有的在平原，独特的美景为许多文人和艺术家所眷顾，也是大众旅游观光的好去处。

湖泊是在一定的地质历史和自然地理背景下形成的。由于我国区域自然条件的差异，以及湖泊成因和演化阶段的不同，显示出不同的区域特点和多种多样的湖泊类型：有世界上海拔最高的湖泊，也有位于海平面以下的湖泊；有浅水湖，也有深水湖；有吞吐湖，也有闭流湖；有淡水湖，也有咸水湖和盐湖；等等。

中国的湖泊分布广且不均匀。按照湖群地理分布和形成的特点，将全国划分为5个主要湖区：青藏高原湖群，东部平原湖群，蒙新高原湖群，东北平原及山地湖群，云贵高原湖群。长江中下游及青藏高原是湖泊分布最为密集的地区。根据成因，我国的湖泊可划分为以下8种类型：

（1）构造湖。构造湖是受地质构造影响和控制而形成的湖泊，多分布在高山高原地区，部分分布在平原区。如青藏高原的青海湖（图1-3）、羊卓雍错湖、纳木错湖，昆仑山下的可可西里湖，云贵高原的滇池、洱海，内蒙古高原的呼伦湖，台湾岛著名的日月潭。另外，平原地区在大构造运动转折地带也有因构造差异运动和新构造运动影响而形成的构造湖，如长江中下游的洞庭湖、鄱阳湖和巢湖，位于中俄边界的兴凯湖等。

（2）河成湖。这类湖泊的形成与河流发育、变迁有关，主要分布在河流两侧。如黄河干流以南的南四湖，淮河中下游的洪泽湖、宝应湖、邵伯湖。此外，还有江汉湖群、海河洼地、华北平原大运河两侧的湖泊、松嫩平原沿嫩江和松花江两侧的湖泊等等。

（3）火山口湖。火山口湖是岩浆喷发形成的火山锥体由于干物质大量散失，压力急剧减少，顶部和周围岩石失去支撑力，发生塌陷形成的火山洼地，待喷发的火山口休眠后，经积水成湖。我国的火山口湖主要分布在东北的长白山。这里火山活动广泛，期次多、锥体多，因而长白山是全国火山口湖与熔岩堰塞湖最多的地区。如长白山天池火山口湖群（图1-4）、龙岗山火山口湖群。此外，大兴安岭东麓鄂温克旗哈尔新火山群的奥内诺尔火山顶有一个小型火山口湖，云南腾冲

图1-3 青海湖

图1-4 长白山天池

县有北海、大龙潭、小龙潭等火山口湖，广东湛江有湖光岩火山口湖，台湾省宜兰平原外龟山岛上的龟头和龟尾也各有一座火山和火山口湖。

（4）堰塞湖。堰塞湖是由于火山熔岩流活动堵截河谷，或由于地震活动等原因引起山崩、滑坡体堵塞河床而形成的湖泊。前者主要分布在东北地区，后者主要分布在西南地区。最典型的熔岩堰塞湖是黑龙江省宁安县境内的镜泊湖，它是由于火山喷发的玄武岩流在吊水楼附近形成宽40米、高12米的天然堰塞堤，拦截牡丹江（松花江支流）出口形成的堰塞湖。另外，黑龙江省五大连池市郊的五大连池是由于1719—1721年古火山再次喷发堵塞了白河，形成念珠状的5个湖泊，即五大连池。

（5）冰川湖。冰川湖是由于冰川活动挖蚀形成洼坑和冰积物堵塞冰川槽谷积水而成的。其特点是分布位置海拔高、面积小，多数是有出口的小湖。我国冰川湖主要分布在高海拔的喜马拉雅山东南、念青唐古拉山和青藏高原东南。如西藏南部的八宿错湖（图1-5）、多庆错湖，西藏东部丁青县的布冲错湖，新疆境内博格达山北坡天池，阿尔泰山的哈纳斯湖等。

（6）岩溶湖。岩溶湖是由于碳酸盐地层经流水溶蚀产生岩溶洼地、漏斗或落

图1-5　八宿错冰川湖

水洞等被堵塞，经汇水而成的湖泊。其特点是面积不大，呈圆形、椭圆形或长条形，湖水较浅。我国岩溶湖主要分布在贵州、云南和广西的岩溶地貌发育的地区。如贵州的威宁县草海（图1-6）、云南的中甸县纳帕海等。

图1-6　贵州草海岩溶湖

（7）风成湖。风成湖是因沙漠中丘间洼地低于浅水位，由沙丘四周渗流汇集而成的。这类湖泊的特点：一是面积小，多为无出口的死水湖，湖形多变；二是多为时令湖，常常冬季积水成湖，夏季干涸无水，成为草湖；三是湖泊极不稳定，随着沙丘的移动经常被淹没而消失；四是由

于沙漠地区蒸发强烈，盐分易于积累，湖水矿化度高，大部分湖底有结晶盐析出。巴丹吉林沙漠，在高大沙丘间的低地分布有数百个风成洼地湖，如伊和扎格德海子（图1-7）；腾格里沙漠大多是积水很少或无积水的湖盆；浑善达克沙地、科尔沁沙地和呼伦贝尔沙地多是残留湖，积水很少；毛乌素沙地分布有众多风成湖，多是

苏打湖和富含氯化物的湖。

（8）海成湖。海成湖也称潟湖，是在海岸变迁过程中，由于泥沙的沉积使部分海湾与海洋分离而成的。如宁波的东钱湖、杭州的西湖（图1-8）、太湖及周围湖群。

东部长江中下游平原、黄淮平原属地壳下沉地区，河成湖较集中。这里有著

▲ 图1-7 巴丹吉林沙漠风成湖

▲ 图1-8 杭州西湖

名的五大淡水湖，即鄱阳湖、洞庭湖、太湖、洪泽湖和巢湖。湖盆多呈碟状，平均水深约3米，为典型的浅水型吞吐湖泊。一般均具有调节江河洪枯水的能力。河流泥沙对湖泊演变影响显著。

西部青藏湖区为强烈的地壳隆起区，海拔多在4 000米以上，以构造湖为主，并有冰川湖、岩溶湖及堰塞湖等；湖泊水深多在数十米以上，呈封闭性或半封闭性孤立分布，主要靠冰雪融水和降水补给；湖水清澈，许多大湖透明度均在10米以上；主要为咸水湖，湖水矿化度高。另外，东北湖区多火山堰塞湖，蒙新湖区多风蚀洼地湖，云贵湖区多构造断陷湖。

中国湖泊之最：

中国最大的淡水湖：江西鄱阳湖，面积为2 933平方千米；

中国最大的咸水湖：青海青海湖，面积为4 340平方千米；

中国最大的盐湖：青海柴达木盆地的察尔汗盐湖，湖水矿化度达527.15克/升；

中国最深的湖泊：吉林东部的长白山天池，湖水深度最大达373.0米；

中国海拔最低的湖：新疆吐鲁番盆地的艾丁湖，湖水水位海拔−155米；

世界海拔最高的大型淡水湖：藏北高原的纳木错湖，藏语为"天湖"，湖水水位海拔4 718米，面积1 961.5平方千米；

世界海拔最高的湖区：青藏高原湖区，绝大多数湖泊海拔在4 000米以上。

3. 沼泽湿地

湿地类型中最为重要的是沼泽湿地，它包括沼泽和沼泽化草甸。在我国，沼泽湿地面积很大，占天然湿地面积的37.85%。

沼泽的特点是地表经常或长期处于湿润状态，具有特殊的植被和成土过程，有的沼泽有泥炭积累，有的没有泥炭。

沼泽湿地主要有以下几种类型：

（1）藓类沼泽。藓类沼泽湿地（图1-9）的植物以藓类为主，盖度100%，在藓类丛生的地方形成藓丘，另外也会有少量灌木和草本植物作为伴生种。所发育的泥炭层较薄。

▲ 图1-9　藓类沼泽

（2）草本沼泽。草本沼泽（图1-10）的主要植被是草本植物，包括莎草、禾草和杂类草，植物盖度≥30%。发育泥炭或潜育层。

图1-10　草本沼泽

（3）灌丛沼泽。灌丛沼泽（图1-11）以灌木为主，如桦、柳、绣线菊等，植物盖度≥30%。一般无泥炭堆积。

图1-11　灌丛沼泽

（4）森林沼泽。森林沼泽的植被主要是木本植物，常见有落叶松、冷杉、水松、赤柏等，植物盖度≥0.2%。一般有泥炭或潜育层发育。

（5）沼泽化草甸。沼泽化草甸（图1-12）包括河湖滩地，它主要是由季节性和临时性积水引起的沼泽化湿地。无泥炭发育。

图1-12　沼泽化草甸

（6）内陆盐沼。内陆盐沼的主要植物是多年生盐生植物，如盐角草、柽柳、碱蓬、碱茅、獐茅等，植物盖度≥30%。一般无泥炭发育。

森林地带的林间地和沟谷主要是森林沼泽、灌丛沼泽、藓类沼泽和部分草本沼泽的分布区；而草本沼泽和沼泽化草甸主要发育在河流、湖泊泛滥的平原、河漫滩、旧河道及冲积扇缘等地貌部位。在我国草本沼泽中的嵩草、嵩草—苔草沼泽分布在西部高原地区的宽谷、河漫滩、阶地、各种冰蚀洼地（古冰斗、围谷、冰蚀谷湿地）等地带。

在我国，沼泽湿地在各地区都有分布，但最为集中的地带还是寒温带、温带湿润地区。符合寒温带、温带湿润条件的地区主要有大小兴安岭、长白山地、三江平原、辽河三角洲、青藏高原的南部和其东部的若尔盖高原、长江与黄河的源区、河湖泛洪区、入海河流三角洲等，三角洲的沙质或淤泥质海岸地带沼泽湿地非常多。

4. 河流湿地

我国河流众多，其中流域面积较大的河流主要集中在长江、黄河、珠江、松花江和辽河等流域内。

根据流域特点，河流分为内流河和外流河。我国的河流多属于外流河，其中长江、黄河、黑龙江、辽河、海河、淮河、钱塘江、珠江、澜沧江等向东注入太平洋；怒江和雅鲁藏布江向南注入印度洋；向西流入哈萨克斯坦境内，再向北经俄罗斯流入北冰洋的是中国北部的额尔齐斯河。

我国内陆性河流流域面积占全国总面积的36%，主要有3个地区：甘新地区（占21.3%）、藏北与藏南地区（占7.6%）、内蒙古地区（占3.2%，图1-13），均属欧亚大陆内陆流域的一部分。由于这些地区距海遥远，干燥少雨，水系不发达，河流极为稀少，甚至出现没有河流的无流区。

我国流域面积在100平方千米以上的

▲ 图1-13 额尔古纳根河湿地

河流有5万多条，流域面积在1 000平方千米以上的河流约1 500条。因受地形、气候影响，河流在地域上的分布很不均匀，绝大部分分布在东南部的气候湿润多雨的季风区，河网密度多在500米/平方千米以上。而西北部内陆气候干旱少雨，河流较少，并有大面积的无流区。

在所有地理景观中，河流属于较为活跃的因素，它能促进地表物质的迁移。我国的众多河流最后都注入海洋，推动了海陆之间的循环。这些河流在经山地和丘陵流入海洋的过程中挟带大量的泥沙，最后沉积在低洼地带和海洋中。除此之外，每年这些河流都会向海洋和内陆盆地带入大量的盐类。河流湿地有多种不同的面貌（图1-14、图1-15、图1-16）。

我国河流年径流量地区差异很大，以长江流域片最大，为9 513亿立方米；其次是西南诸河片和珠江流域片，分别为5 853亿立方米和4 685亿立方米；海滦

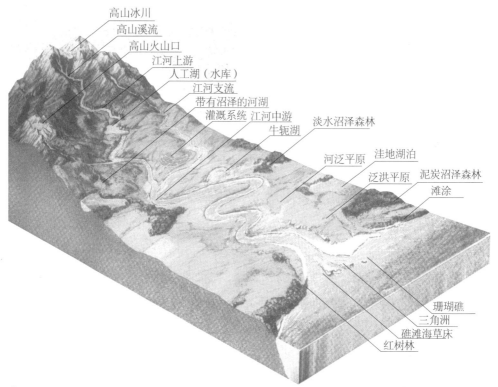

高山冰川
高山溪流
高山火山口
江河上游
人工湖（水库）
江河支流
带有沼泽的河湖
灌溉系统 江河中游
牛轭湖
淡水沼泽森林
河泛平原
洼地湖泊
泛洪平原
泥炭沼泽森林
滩涂
珊瑚礁
三角洲
礁滩海草床
红树林

🔺 图1-14　发育在河流流域不同部位的湿地

河流域片最小，仅为288亿立方米。全国年径流总量比较丰富，为27 115亿立方米，是我国淡水资源的重要组成部分。我国8大江河中，年径流深以珠江最大，达751.3毫米，其次为雅鲁藏布江687.3毫米，辽河最小，为64.6毫米，最大最小相差10倍以上。

5. 人工湿地

人工湿地是指受人为活动影响而形成的湿地（图1-17）。主要包括水库、

🔺 图1-15　湘江河流湿地

🔺 图1-16　长江河流湿地

盐田、运河、输水河、稻田、水塘等。

我国的稻田主要分布在亚热带与热带地区，淮河以南地区的稻田约占全国稻田总面积的90%；近年来北方稻田不断发展，稻田面积有所扩大。全国现有大中型水库2 903座，蓄水总量1 805亿立方米。

▲ 图1–17　丹河人工湿地

Part 2 湿地功能概观

你有博大宽广的胸怀，能容纳滔滔洪水；

你是地球之肾，能将污泥浊水化作涓涓清流；

你是天然的空调器，把周围的环境变得温馨舒适；

你是生命的摇篮，哺育着众多的儿女……

作为自然界重要生态系统之一的湿地生态系统有着明显的特点，它是由湿生、沼生和水生植物、动物、微生物以及水、光、热、无机盐等组成的。这些因素之间相互影响、相互作用，最终形成了一个各方面都较为平衡的生态系统，并具有很大的生态价值。

湿地与森林、海洋并称为全球三大生态系统，它具有多种独特的功能，在维持生态平衡、维护生物多样性和珍稀物种资源以及涵养水源、调蓄洪水、净化水质、调节气候等方面均起着重要作用。因此，湿地被称为"地球之肾""鸟类的天堂"和"人类的聚宝盆"。

涵养水源

湿地给人的第一印象就是多水。一部分水积存在湿地地表，还有大量的水储存在植物体内、土壤的泥炭层和草根层中，因此人们把湿地称为"天然蓄水池"或"生物蓄水库"。

沼泽湿地土壤具有独特的水文物理特点，湿地土壤中有孔隙度很大的草根层和泥炭层，所以有很大的持水能力。虽然由于地形等各种因素不同，每个湿地区域有不同的土壤蓄水量，但我们可以通过这个方面了解到湿地的确是天然的蓄水池，有着很重要的涵养水源和调洪的功能。

湖泊湿地更是名副其实的天然水库。我国湖泊总储水量约7 077亿立方米，其中淡水储水量占31.8%。素有"水乡泽园"之称的长江中下游湖群（图2-1）占有重要地位，储水量约750亿立方米。

▲ 图2-1 我国最大的淡水湖泊湿地——鄱阳湖

调蓄洪水

湿地的调蓄洪水功能主要体现在洪水发水期，湖泊、沼泽湿地能够暂时储存部分洪水，等洪水水势减小后再慢慢泄出，这样就减轻了洪水对人们生命财产安全所造成的危害。以长江地区为例，在每年汛期的时候，长江都会把过剩的水注入洞庭湖和鄱阳湖储存起来，这样就减小了洪水的水势。在1998年特大洪水期间，洞庭湖起到了很好的储存洪水的作用。鄱阳湖的作用也不可小视，它不仅能调蓄鄱阳湖水系五河的来水，还能对长江干流洪水起调蓄作用。

沼泽对河川径流也有很大的影响，其主要表现在两个方面：一是减少断流，例如在降水的时候，沼泽会通过减少降水对河川径流的一次补给量来延长汇流时间；二是降低洪峰，沼泽通过储存当年的部分洪水于湿地土壤中或将其以地表水形式滞留在沼泽湿地，使洪水不能在当年完全流出，这样就减小了洪水的流量和下游洪水的压力。

在黑龙江省宝清水文站和菜嘴子站之间发育了大面积的沼泽湿地，它们分别位于三江平原的挠力河（黑龙江支流乌苏里江左岸的较大支流之一）流域的上游和中游。资料表明，长期以来，上游的宝清水文站的洪峰流量大于中游的菜嘴子站，这说明从上游到中游的过程中有大量洪水漫散和蓄存。

"山随平野尽，江入大荒流"，描写的就是长江在洪水季节两岸湖泊和沼泽连为一体（图2-2），将洪峰消弭于无形的景象。

▲ 图2-2　长江洪水季节两岸湖泊和沼泽连为一体

长江百万移民工程

1998年我国长江流域的洪水为重新认识湿地的调蓄洪水功能提供了契机。

1999年，我国政府投资20亿元人民币实施长江百万移民工程。1999年冬至2000年春，总计有13万户、70多万人摆脱了长江洪水的威胁。这些搬迁的13万户居民主要分布在鄂、湘、赣、皖四省沿江低洼地区。

这是1998年洪水之后，我国政府决定在长江中下游受洪患威胁最严重的地区实施"平垸行洪，移民填镇"政策的具体实施。据统计，1999年鄂、湘、赣、皖四省先后运用373个堤垸给洪水让路，增加滞蓄洪水容积23.5亿立方米，有效降低了洪水水位。1999年的长江洪水规模与1998年的大洪水相近，但1999年受淹的耕地只有220万公顷，直接经济损失为344亿元，大大低于1998年。

初步测算结果表明，百万大移民使沿江民垸能主动破垸行洪，产生了显著的防洪效益。在1999年长江洪水中，仅湖南省就有129个堤垸破垸行洪，扩大河道行洪能力一成左右，避免了10多万人受灾，减少经济损失5亿元人民币。

长期以来，我国一直受洪水的威胁和困扰，抗洪治水在中华民族发展史中占有重要地位。值得注意的一点是，在滞洪过程中，我们应该充分利用湿地的调蓄功能，使之为人类服务。

净化水质

湿地的另一个重要生态功能就是净化水质，即湿地在净化污水、滞留沉积物和营养物质、降解水中有毒物质等方面发挥着重要作用。湿地的这一生态功能使得那些对人类有害的物质在湿地的怀抱中，发生各种各样的物理、化学或生物学变化，从而消除对人类的不利影响。

1. 净化污水

湿地又称"地球之肾"，具有强大的净化污水能力。可以说，湿地是自然环境中自净能力最强的生态系统之一，同森林相比，它的净化能力是同等地域森林净化能力的1.5倍。湿地之所以有这种"清洁工"的能力，是因为湿地具有减缓水流、促进沉积物沉降的自然特性（图2-3）。此外，湿地中生长、生活着多种多样的植物、微生物，当有毒有害的工业、农业或生活废弃物、污水进入湿地水

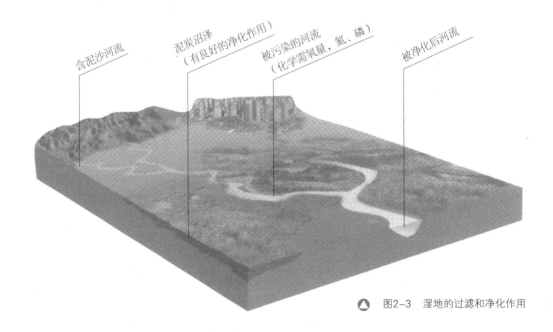

含泥沙河流

泥炭沼泽
（有良好的净化作用）

被污染的河流
（化学需氧量，氮、磷）

被净化后河流

▲ 图2-3 湿地的过滤和净化作用

图2-4　水体富营养化

地学知识窗

水体富营养化

水体富营养化指由于大量的氮、磷、钾等元素排入到流速缓慢、更新周期长的地表水体，导致藻类等水生生物大量地生长繁殖，使有机物产生的速度远远超过消耗速度，水体中有机物积蓄，破坏水体生态平衡的过程。

体后，它们或被湿地植物吸收，或经化学和生物学过程转换而被储存起来。如果从湿地收获这些植物，如收割禾本科草类和莎草类用于盖房子，则意味着营养物质以有用的形式从该湿地系统中被排除出去。

如果湿地中污水营养成分增加而不能有效地排除，则对湿地的生态环境会产生很大影响。过量的营养物会导致湖水富营养化，此时，营养物刺激植物过快生长，例如水生漂浮植物——凤眼莲大量繁殖而造成水道堵塞和湖面被覆盖；湖中和水库中的微型藻类（浮游植物）的大量繁殖则会导致水质下降，并减少溶解氧，造成鱼类死亡（图2-4）；蓝绿藻的过量繁殖会产生某些毒素，使生活用水的处理成本增加。值得欣慰的是，湿地对这些营养物具有一定的抵抗能力，在它可承受的范围内予以消除。硝酸盐可以被反硝化过程排除；磷酸盐可通过吸附的方式去除（它主要吸附在湿地矿质土壤的无机离子上）；另外，在营养物如磷酸盐减少的情况下，营养物会被释放到上层水而向湿地外输出，许多湿地在转移和排除营养物方面的效率要比陆地高。湿地这种较强的过滤作用，使流出的水体的水质得到净化。

2001年，全国大旱之年，我国重要的蔬菜基地山东寿光也不例外，然而在寿光北部水源尤为缺乏的盐碱地里，农作物苗壮地成长着，丝毫看不到干旱的痕迹。带来这种奇迹的是芦苇湿地（图2-5）。

图2-5　万亩生态芦苇湿地——寿光羊口湿地

——地学知识窗——

反硝化过程

反硝化过程指生活在缺氧湿地土壤中的细菌，把硝酸化合物转变成氮气分子，释放于大气中。

为了让寿光市流出的污水变成有用的资源，1997年，寿光市政府在寿北荒滩上建成天然芦苇湿地160公顷、沉淀池3公顷，以及相应的配套设施，每天可接纳9.2万吨的城市污水。现在，160公顷天然芦苇湿地成为最好的污水"净化器"。据测算，有害物质去除率达75％以上，每年处理的污水的含氮量相当于4 720吨尿素，而且完全达到了农田灌溉水质标准。由于湿地的功劳，昔日不毛之地变成了上林下渔、上粮下藕，集芦苇、经济林、防风林、鱼藕塘等于一体的"绿洲"。

这是湿地净化功能的生动实例。我国每年排放大量的污水，这些污水大部分未经处理就排入江河，造成生态环境恶化。如果我们能够充分挖掘湿地净化功能的潜力，对于环境保护将是非常有利的。

2. 滞留沉积物

一些湿地，特别是沼泽和泛洪平原，由于长有茂密的植被等多种因素，它们的水流速度非常缓慢，为沉积物的沉降和排除创造了有利条件。湿地的这种功能利弊共存：

①如果湿地集水区沉积物大量增加，对湿地会产生不利的影响：不仅会对湖泊和水库水源产生影响，而且还将导致湿地吸纳沉积物的能力大幅度下降；

②湿地能够大量滞留沉积物，可能使周围社区及其下游地区保持良好的水质，或者通过恢复养分和土壤质量，使这些湿地内的农业受益。

人类活动引起的森林植被遭到极大破坏以及水土流失严重，已成为世界性环境问题之一。其后果是导致河湖湿地淤积退化、抬高河床，大大地增加了洪水泛滥的风险。

长江是我国第一大河流，其兴衰关系到民族的昌盛。近年来，由于长江上游生态环境破坏极其严重，水土流失不断加剧，此问题已经成为中华民族的心腹之患。沙市观音矶万寿塔，可以作为历史的见证者。自1552年到现在的400多年中，长江水位至少增加了8米以上。是水量增加了吗？当然不是，而是由于上游流失的土壤在中游的沉积。目前荆江河床已高出地面3—7米，汛期水面高出地面6—13

米，出现了"帆轮楼顶过，江水屋上流"的悬河景观。这是悬在我们头顶上的一把利剑，一旦洪水肆虐导致大堤溃口，其后果不堪设想。

洞庭湖湿地的淤积更加严重。洞庭湖平均年泥沙淤积量近1亿立方米，淤积率高达75%，由此导致湖床年增高3.7厘米，50年来湖床合计增高了1.8米，平均年新增湖洲4 000公顷，如果将淤积的泥沙折合成洪水，相当于每年增加近1亿立方米的超额洪水。如果按此速度发展下去，到21世纪30年代，洞庭湖将从地图上消失，取而代之的将是芦苇丛生、洼地遍布、垸田纵横的洞庭平原，届时，几百亿立方米的洪水将流向何方？前景堪忧！

黄河是我国泥沙含量最高的河流，在世界上也是首屈一指。它哺育了伟大勤劳的中国人民，我们形象地将其称为"母亲河"。泥沙的淤积抬高了河床，在部分地区形成了世界闻名的悬河。每年大约有8亿吨沉积物在河口"安营扎寨"，使河口沙嘴（即水下三角洲）平均每年向前延伸2.5千米，并把海岸线向前推进1—2千米，使该区的工农业受益匪浅。

3. 湿地纳污

前面讲过湿地的消污功能，相信读者会对湿地增添一份爱。其实，湿地还有一种鲜为人知的能力——"窝藏"污染物。环境科学中对污染物来源进行分类，分为点源和非点源两类。如工厂的排污口，就是最典型的点污染源；除了点源之外，其余污染源可称为非点源。湿地很"贪"，无论是点源污染物还是非点源污染物，它几乎兼容并包，全部"窝藏"。

人工多池塘系统湿地是中国古代农业文化的一部分，起源于村庄附近及水稻田间的单一水塘。早在3 000多年前，在中国的东南及华东地区，人们就利用小水塘接纳降水作为饮用水源和生活用水。后来，人们又用小水塘接纳村庄、集镇的污水，同时进行渔业养殖。由于人工多池塘系统湿地对降水有较强的缓冲能力，故对来自非点源的污染物有较强的储存和截留作用。以安徽省巢湖六叉河小流域人工多池塘系统湿地为例，研究结果表明，六叉河小流域人工多池塘系统湿地对污染物的总体截留率达90%以上。

4. 湿地排毒

湿地中的有毒物质源于多种渠道，但通常来自降雨径流带来的农用杀虫剂、工业和采矿活动中排放的污水。进入湿地中的毒物大多都吸附在微小沉积物的表面上或嵌入黏土的分子链内。湿地中较慢的水流速度，大大促进了沉积物的下沉，这有利于与沉积物结合在一起的有毒物质的储存和转化。此外，一些水生植物物种能有效地吸收有毒物质。值得注意的是，湿地对于有毒物质的吸收能力不是无限的，同时由于食物链的富集作用，经过长期积累，这些湿地植物的毒物含量有可能增加了，在这种情况下，一旦动物吃了被污染的植物，这些有害物质可能会进入食物链。

湿地中有许多水生植物，如挺水、浮水和沉水植物，它们能够很好地排除有

毒物质。据估算，在这些植物体内的组织中富集的重金属，浓度比水中高出10万倍以上。水浮莲、香蒲和芦苇都已被成功地用来清除污水中的有毒物质，效果非常明显。据杨永兴等人的研究，黑龙江七星河污水经过一片面积为325公顷的芦苇湿地后得到明显的净化，结果表明，芦苇对砷（构成砒霜的重要元素）的净化能力为96.06%，对铁为92.78%，锰为94.54%，铅为80.18%。由此可见，湿地排毒的效果极其明显。

维护生物多样性

湿地不仅是出色的"清洁工"，还是生物多样性的保护神。由于湿地的存在，我们的世界才如此美丽；如果湿地在全世界消失，那么整个地球生存环境就会失去色彩。走在湿地的旷野上，极目远眺，四野空旷，水草肥美，"海"天苍茫。抬头看，美丽的鸟儿唱着动听的歌儿在天空中飞过；低头瞧，芦苇荡荡，鱼儿跃出水面，画出圈圈涟漪。这是一幅多

么美丽的图画啊！所有这一切，都静静地融化在湿地的怀抱中。

之所以说湿地是生物多样性的保护神，是因为广袤的湿地保存了与我们人类未来密切相关的"秘密武器"。湿地是一种"半水半陆"的独特生态系统，这种独特的系统决定了它既有陆生的动、植物，也有水生的动、植物，同时演化出既不同于陆生动、植物也不同于水生动、植物的

——地学知识窗——

生物多样性

生物多样性是所有生物种类、种内遗传变异和它们的生存环境的总称。生物多样性包括所有不同种类的动物、植物和微生物及其所拥有的基因，以及它们与环境所组成的生态系统；更进一步地说，生物多样性包含生态系统的多样性、物种多样性和遗传多样性等多个层次。

独特的湿地动、植物。湿地为许多动、植物物种的生命循环提供了不可缺少的生存环境，包括直接支持动、植物物种的生命循环等，如许多水生动物（如鱼和对虾）借助湿地完成产卵并度过幼年期；许多迁徙鸟类依赖湿地完成其生命循环的一部分（例如在迁徙过程中停歇、休息和取食）；同时，湿地确保稀有物种、生存环境、群落、生态系统、景观、自然过程或湿地类型的存在，一旦某种特性变为稀有，其永远被"丢失"的可能性就很大。湿地具有"生物超市"的美誉。

我国约有5 635万公顷湿地，其中有许多是具有国际意义的湿地。亚洲的323种濒危鸟类中，中国有183种；全球15种

鹤类，中国有9种。贵州草海湿地，每年栖息越冬的鸟类有180多种，数量达20万只以上，其中黑颈鹤（图2-6）是世界上唯一的高原鹤，也是我国的特有鹤种，属一级保护动物。黄河河口湿地是东北亚内陆和环西太平洋鸟类迁徙的重要"中转站"和越冬繁殖地，这一地区有水生生物800

△ 图2-6 黑颈鹤

△ 图2-7 江豚

多种，其中有文昌鱼、江豚（图2-7）等国家重点保护动物，以及野大豆等上百种濒危野生植物。此湿地中有各种鸟类约187种，其中108种名列《中日候鸟保护协定》之中，属国家重点保护动物的有丹顶鹤、白头鹤、白鹤、金雕、大鸨、大天鹅、蜂鹰等32种。

既然生物多样性对我们有很多好处，我们是不是可以在湿地中多引进一些，来增加物种的多样性？回答是否定的。因为生态系统的复杂性，外来物种的引入可能破坏生态系统，导致生物多样性的丧失。

生物入侵是指外来侵入物种的流入。如果它们定居于自然栖息地后威胁当地的生物多样性，外来物种就被认为是具侵略性的。据不完全统计，在我国的生物区系中，外来的主要害虫有32种、病害26种、杂草380种，外来入侵物种所造成的经济损失每年达人民币500多亿元。

过去人们常常认为人为引进新的物种将会加强生态系统自身的价值。实际上，无论是人为事件，还是偶然事件，它们都一样地会改变湿地本身的生态特性，甚至导致生态系统的崩溃。引进的物种经常因在新的生存环境中没有天敌而大量繁殖，进而导致两方面的结果：一方面是原来的物种受到排挤而使湿地组成结构发生变化；另一方面如果引进的是植物种，目的可能是为湿地动物消费，人类以此来获取大量的动物产品（如鱼），结果导致藻类等大量繁殖，湿地功能丧失。

目前社会上存在一种倾向，即为了经济利益而盲目地引进外来物种，导致生态系统的变异。这是非常危险的，我们必须慎之又慎。物种的引进对生态系统的影响或破坏具有时间的滞后性、形式上的隐蔽性和发生的突变性等特征，它对生态系统的影响有时是毁灭性的。因此我们必须建立一套严格的程序进行评估，并且使之法制化，严禁私自引进物种。

1. 水葫芦泛滥成灾

水葫芦，学名凤眼莲（Eichhornia crassipes），雨久花科，俗称布袋莲、水荷花、假水仙。水生直立或漂浮草本。叶直立，卵形或圆形，光滑，叶柄长或短，中部以下膨大如球，基部有鞘状苞片。花茎单生，中部亦具鞘状苞片，穗状花序呈蓝紫色。

1901年，水葫芦作为一种花卉引入我国。20世纪50～60年代，水葫芦作为猪饲料被广为种植。引进之初，谁也没有想到它会泛滥成灾（图2-8），会给我们带来巨大的经济损失。数据表明，我国广东、云南、浙江、福建等地每年都要人工

▲ 图2-8 疯狂的水葫芦

打捞水葫芦，仅浙江温州和福建莆田1999年的人工打捞费用就分别为1 000万元和500万元。全国每年处理水葫芦的总费用究竟有多少，目前没有准确统计，估计至少超过1亿元。此外水葫芦对农业灌溉、运输、水产养殖、旅游等造成的经济损失远超过打捞的费用。

2003年秋天，水葫芦在我国南方江河湖泊肆虐，各地水域警报频传。珠江水系、太湖水系相继告急。上海市政府大动干戈，发誓"三到五年内基本解决全市河道水葫芦危害"。水葫芦目前已在整个珠江水系安营扎寨，其中在中山、珠海、江门等珠江三角洲地区分布最广，危害最重。据统计，从1975年至今，珠江水域水葫芦每十年就增长十倍，1975年平均每天只捞到0.5吨水葫芦，1985年为5吨，1995年为50吨，而2005年平均每天接近500吨。由于水葫芦疯长，滇池已经成了臭水塘，20世纪七八十年代建成的理想水上旅游线路被迫取消，不得不投入大量的人力物力进行处理。

水葫芦不仅肆虐中国，也危害着北美洲、亚洲、大洋洲和非洲的其他许多国家，让世界为之头疼，成为人和生物之战的典型"战例"。世界自然保护联盟的数据显示，非洲七个国家每年为控制水葫芦付出的"成本"是2 000万到5 000万美元。

2. 食人鱼

食人鱼（图2-9），也叫食人鲳，产于南美洲的亚马孙河流域。在巴西有15种食人鱼，巴西人将其称为"皮拉尼亚"，这是印第安图皮族语，意为"割破皮肤的"。食人鱼是卵生鱼类，繁殖能力很强，一年可繁殖多次。食人鱼对水质没有特殊要求，弱酸性水质即可生长良好。雌鱼在产卵期可产出3 000～5 000粒鱼卵，受精卵经过36～48小时就可孵化出仔鱼，

▲ 图2-9 食人鱼

仔鱼在48小时后吸收完体内的卵黄素就会自己摄食，幼鱼经过15—18个月即发育成熟。

印第安人常将食人鱼的牙齿当小刀来用，可见其牙齿多么锋利！尽管食人鱼尖牙利齿，凶悍无比，以其他各种鱼类为食，甚至经常攻击进入河水的人畜，但它们在巴西却难以泛滥成灾，因为那里有众多的天敌，如鳄鱼、河豚、水蛇等。而且，在千百年的进化过程中，许多水中动物都有了对付食人鱼的本领，比如有些鱼浑身长满了刺，使食人鱼不敢轻举妄动。

也许正是由于这些原因，凶猛的食人鱼才没能在巴西肆意繁衍蔓延，保持了生态的平衡。

我国的广东、广西、福建、海南等地区，是很适合食人鱼生长的地区，一旦不慎将其引入，食人鱼将有可能很快繁育成群，对当地的生态平衡产生严重的威胁。目前，食人鱼已经在市场上出现，但还没有在我国大面积地蔓延开来，应该尽快进行控制，以维护我国的生态安全，否则，后果不堪设想。

调节气候

气候变化是大气环流引起的，小面积湿地变化不会对气候产生大的影响。湿地可以调节局部小气候，因为湿地的蒸腾作用可调节当地的湿度或降雨量，如果湿地大面积改变，就会对局部小气候产生影响。

湿地及湿地植物通过水分循环和大气组分的改变调节局部地区的温度、湿度和降水状况，调节相关区域内的风、温度、湿度等气候要素（图2-10），从而

减轻干旱、风沙、冻灾、土壤沙化，防止土壤养分流失，改善土壤状况。

湿地内丰富的植物群落，通过蒸腾作用吸收大量水分，并以水汽形式逸入大气；通过光合作用吸收大量的二氧化碳，放出氧气，形成碳积累而缓解温室气体对环境的破坏；湿地中的一些植物还具有吸收空气中有害气体的功能，能有效调节大气组分。

湿地与全球气候密切相关，主要体

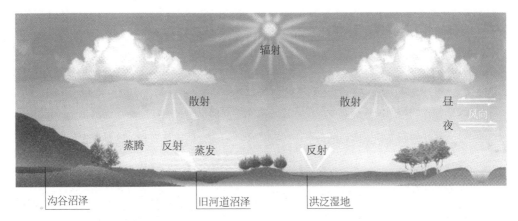

辐射

散射　　　　　　　散射　　　　昼夜　风向

蒸腾　反射　蒸发　　　反射

沟谷沼泽　　　旧河道沼泽　　洪泛湿地

● 图2-10　湿地对局部气候的影响示意图

现在湿地能对形成温室气体的主要原料碳进行储存或者释放，从而影响温室效应。

湿地究竟是如何影响温室气体的呢？要回答这个问题并不难，这与湿地具有沉积功能密不可分。湿地对碳的储存和释放直接关系到温室气体的排放量，进而对全球变化产生一定影响。

湿地是碳的储存库，湿地对碳的作用极大地影响着地球上的碳循环。湿地储存碳的主要手段是泥炭的积累，泥炭是湿地沼泽的产物。有专家估计，全球泥炭积累速率平均为1毫米/年，如果将其换算成碳的重量，相当于每年碳积累量3亿吨左右。据估算，世界上泥炭干物质总量为2 400亿~4 800亿吨，如果按含碳量50%~55%进行折算，储存在泥炭中的碳总量是1 200亿~2 600亿吨。有人提出，包括泥炭沼泽和泥炭地在内，碳总量为2 250亿吨；储存在不同类型湿地中的碳，约占地球陆地碳总量的15%。

湿地对碳的储存作用对全球气候变化具有重大影响，如果没有湿地，世界将是怎样的呢？现在，让我们展开想象的翅膀，进行科学的假设。

大量的研究结果表明，如果将湿地中的水排干，那么由于水分的流失，地温将升高，湿地分解泥炭的速度将加快，储存在湿地中的碳将通过各种不同的形式释放出来。科学家做过计算，假使将全球沼泽湿地的水全部排干，储存在湿地中的碳将像长了翅膀一样逃逸，逃逸的数量相当于目前森林砍伐和矿物燃料燃烧排放总量的35%~40%。这意味着温室气体将比目前增加40%左右，将大大加剧全球气候变暖。湿地对气候的影响不容小视！

——地学知识窗——

温室效应

现在的人们，即使是在寒冷的冬天，也能吃到以前只有夏季才能生产的蔬菜——翠绿的黄瓜、鲜红的西红柿、紫色的茄子……它们使我们的生活丰富多彩。这是什么原因呢？您会毫不犹豫地回答，因为有了温室。不过，也许您没有意识到，整个地球大气层本来就是一个大"温室"——温室效应就在我们身边。

大气中的一些成分，它们能够让太阳辐射（短波辐射）透过而到达地球表面，却吸收地球向外发射的长波辐射（热辐射），从而导致大气层变暖，其作用就像温室一样，因此人们形象地称之为温室效应。如果没有大气层或不存在温室效应，那么地球表面的平均温度应该是-18℃，而事实上，平均温度是15℃。二者之差就是由大气的温室效应导致的，它使地球增暖33℃。如果不是这样，那么海洋将是冰冻的，而生物则可能灭绝。温室效应如果太小，那么地球将可能毫无生机；而温室效应如果太大，地面温度则会上升，使生物难以忍受。

具有温室效应的气体叫温室气体。大气中的温室气体主要是二氧化碳（CO_2）、氯氟烃（CFCs）、甲烷（CH_4）、一氧化二氮（N_2O）等。其中CO_2、CH_4、N_2O有自然生成的，也有人类活动生成的，而CFCs则完全是人类活动的产物（制冷剂等）。

Part 3 湿地资源宝库

湿地不仅是生物美丽的家园，亦为人类提供丰富的水资源、矿产资源、土地资源以及魅力无穷的湿地生态环境。湿地可以称得上名副其实的资源"超市"。

多彩多姿的湿地令人神往，湿地不仅是生物美丽的家园，湿地亦为人类提供丰富的水资源、矿产资源、土地资源以及魅力无穷的湿地生态环境。湿地可以称得上名副其实的资源"超市"。

生物的家园

地是自然界最富生物多样性的生态景观。生命离不开水的滋养和哺育。湿地的生态系统结构独特，通常拥有丰富的野生动植物资源，因此，湿地是生命的摇篮、物种的基因库、多种濒危野生动植物的避难所、无数动物的乐园。

1. 多彩多姿的湿地植物

广义的湿地植物包括狭义的湿地植物（沼生植物、湿生植物）和水生植物。狭义的湿地植物生长在地表经常过湿、常年积水或浅水的环境中，仅植物的基部可能浸没于水中，茎、叶大部分挺于水面之上，暴露在空气中，因此，具备陆生植物的某些特征，而水生植物的植物体则大部分或全部没于水中，所以狭义的湿地植物是水生植物和陆生植物之间的过渡类型。

——地学知识窗——

湿地植物

湿地植物指生长在湿地环境中的植物。广义的湿地植物是指生长在沼泽地、湿原、泥炭地或者水深不超过六米的水域中的植物。狭义的湿地植物是指生长在水陆交汇处，土壤潮湿或者有浅层积水环境中的植物。

（1）沼生植物

沼生植物即是仅植株的根系及近于基部地方浸没水中，生长在沼泽地带岸边的植物。沼生植物是生长于水边湿地或浅水的高等植物，多为多年生植物；能适应水分条件的变化，有许多沼生植物可随着这种变化而变化。有通气组织（芦苇和苔类、千屈菜）和呼吸根（水龙、落羽杉属），能在缺乏氧气的沼泽中生长。在温带淡水边可以见到芦苇类、野慈菇、柳、赤杨等；在热带则可见到杯芋属等；在海边的湿地除芦苇、盐角草、紫菀等外，还有木本植物的红树类。

沼生植物主要包括草本沼生植物（图3-1、图3-2）和木本沼生植物（图3-3、图3-4）。

▲ 图3-3　水杉

▲ 图3-4　水松

（2）湿生植物

所谓湿生植物就是指生长在湿润环境中的植物，如野姜花（图3-5）、风车草（图3-6）、大安水蓑衣（图3-7）等。如果对湿生植物进行进一步分类，又分为阴性湿生植物和阳性湿生植物。阴性湿生植物主要是以蕨类、附生兰科植物、

▲ 图3-1　芦苇

▲ 图3-2　水花生

▲ 图3-5　野姜花

▲ 图3-6 风车草

▲ 图3-7 大安水蓑衣

万年青等为主，它们生活在热带雨林中，因为林内空气湿度大，缺少光照，所以蒸腾作用较小，易保持水分。所以这类植物的特点是：根系、叶片中的机械组织都不发达，不抗旱。阳性湿生植物主要以莎草科、蓼科和十字花科为主，它们生长在阳光充足、土壤水分饱和的沼泽地区或湖边。这类植物的主要特点是根系不发达，没有根毛，但根与茎之间有通气的组织，能获得充足的氧气。为了满足适应阳光直接照射和低湿度大气环境的要求，阳性湿生植物的叶子上经常有角质层，这有利于防止蒸腾作用，也有较为发达的输导组织。

（3）水生植物

一般而言，有狭义的水生植物与广义的水生植物两种说法。有人认为，只有植物体的大部分或全部长期不离水的植物，才能算是真正的水生植物，这是狭义的说法。广义的说法则认为，除了狭义的水生植物，前述沼生植物、湿生植物也应该归为水生植物。这里我们采取狭义的说法。

水生植被是指生长在水域环境，由水生植物组成的植物群落。其种类组成包括低等与高等水生植物。按其所在水域的水质分为淡水和咸水两大类，淡水还可分为流水和静水水生植物。水的流动性大，有利于水生植物的广泛迁移与传播，故多为广布种，也有世界种。其分布不像陆生植被类型具有明显的地带性，但各地区水域环境并非完全一致，不同地带内也会出现不同的水生植被类型。

按生态型，水生植物又分为挺水植物、浮叶植物、漂浮植物、沉水植物和浮游植物5个类型。

①挺水植物

挺水植物是生长在水深0.5～1.0米的浅水区，根或地下茎生长在底泥中，茎叶则挺出水面的植物，如莲花、粉绿狐尾藻、香蒲（图3-8）等。

▲ 图3-8　香蒲

②浮叶植物

浮叶植物是指生长在浅水区，叶片漂浮在水面上，形状多为扁平状，叶上表面有气孔，根或地下茎固着在泥土里，根部所需的氧气通过叶片的气孔由外界来供应；叶柄会随着水的深度而伸长的植物。常见的有田字草、睡莲（图3-9）、菱角等。

▲ 图3-9　睡莲

③漂浮植物

漂浮植物又名浮水植物，是指漂浮在水面上的植物。这类植物之所以能够漂浮在水面上是因为它们的体内贮藏着很多气体，气孔大多生长在叶子的上表面上。这些植物要么无根，要么有根但不固着于水底土壤之上，所以就漂浮在水面上。除此之外，还有一些植物有特化的气囊，能够随风漂游。常见的漂浮植物有布袋莲、水鳖（又名马尿花）、满江红、槐叶萍等。

④沉水植物

沉水植物是指植物体全部或大部分沉浸在水下面，根固着在水下泥土里或漂浮于水中的植物。常见的有水蕴草（图3-10）、苦草、石龙尾等。

▲ 图3-10　水蕴草

⑤浮游植物

浮游植物是一个生态学概念，是指在水中营浮游生活的微小植物。通常浮游植物就是指浮游藻类，主要包括蓝藻、隐藻、甲藻、金藻、黄藻、硅藻、裸藻和绿藻（图3-11）8个种类。

△ 图3-11　绿藻

2.种类繁多的湿地动物

湿地生态系统有众多种类的消费者，比如包括蠓、蚊等昆虫在内的无脊椎动物。有些昆虫在幼虫阶段栖于水底，是鱼、蛙等的食物来源。湿地鸟类是湿地的一个重要景观，它们不仅属于草食性动物，也属于肉食性动物，是湿地生态食物链的重要环节。最为常见的湿地动物是鱼、虾、蚌等，它们不仅仅是湿地中食肉动物的食物，也为人类提供了佳肴美味，是人类宝贵的自然财富。

——地学知识窗——

湿地动物

湿地动物泛指生长在湿地环境中的动物，广义的湿地动物是指生长在沼泽地、湿原、泥炭地和水深不超过6米的水域中的动物。

湿地中的动物种类很多，可以把较大的湿地动物分为鸟类、鱼类、两栖类、爬行类和兽类。下面就让我们一起认识一下湿地中的动物种类。

（1）湿地鸟类

我国湿地鸟类资源丰富，据湿地调查统计，我国共有湿地水鸟12目32科271种，主要由鹤类、鹭类、雁鸭类、鸻鹬类、鸥类、鹳类等组成，此外，尚有少量猛禽和鸣禽，其中有许多珍稀濒危物种。被列为国家重点保护的湿地鸟类共10目18科56种。其中，被列为国家一级重点保护的有12种，国家二级重点保护的共44种。在亚洲57种濒危鸟类中，中国湿地内就有31种，占54%；全世界雁鸭类有166种，中国湿地有50种，占30%；全世界鹤类15种，中国记录到9种，占60%；此外，还有许多属于跨国迁徙的鸟类。

湿地鸟类是湿地野生动物中最具有代表性的类群。根据居留型可分为夏候鸟、冬候鸟、留鸟和旅鸟4类。我国北方的寒温带和温带以夏候鸟和旅鸟占优势，南方亚热带和热带以冬候鸟和留鸟为主。很多迁徙鸟在北方繁殖，到南方越冬。

①湿地自然保护区——鸟类的天堂

目前，我国仅鹤类的湿地自然保护区就达40多处，面积超过10万平方千米。

这些湿地自然保护区是鹤类及其他各种鸟类的天堂。

松嫩平原和三江平原湿地有鸟类约300种，是丹顶鹤、灰鹤、蓑羽鹤等珍稀鸟类的重要繁殖地。位于松嫩平原乌裕尔河下游的扎龙自然保护区，面积21万公顷，芦苇沼泽、湖泊泡沼密布，使这一地区成为鸟类重要的栖息和繁衍场所；在已记录到的269种鸟类中，鹤的种类多、种群数量大，故有"鹤乡"之美誉。丹顶鹤、白枕鹤、蓑羽鹤、白鹤、白头鹤、灰鹤在扎龙都有分布，前3种为繁殖鹤类，其余为迁徙停留鹤类。在扎龙以南位于吉林境内的莫莫格自然保护区，是嫩江及其支流冲积形成的平原，地势平坦，面积14.4万公顷，其间湖泊沼泽众多，水草遍布，是白鹤迁徙中的重要停歇地，而且停歇的时间可长达70多天。

②湿地之神——丹顶鹤

丹顶鹤（图3-12）是著名的文化鸟类，千百年来深受人们的喜爱。在人们的心目中，它是"吉祥、长寿"和"幸福、忠贞"的象征。鹤类一般体型较大，体态优美、性情温和，起源于遥远的始新世，距今已有6 000万年历史。

丹顶鹤是大型涉禽，最明显的特征是"三长"，即喙长、颈长和腿长，以适

▲ 图3-12　丹顶鹤

应在浅水湿地环境中活动和觅食。体长约160厘米，体重约10千克；体羽纯白，次级及三级飞羽黑色；头顶皮肤裸露，呈鲜红色。与白鹤的区别是，次级飞羽和颈侧黑色，腿也是黑色。

它们需要一定面积的沼泽湿地作为

栖息地。丹顶鹤在湿地生态系统中处于食物链顶层，是湿地生物多样性中的"关键种"，保护生物学称其为"旗舰种"。当有鹤类在湿地栖息时，人就有一种安全感，这使我们自然地联想："保护鸟类，就是保护人类自己！"人们称丹顶鹤为"湿地之神"不无道理。

③东方明珠——朱鹮

朱鹮（图3-13）又名朱鹭，是世界上最珍稀和现存数量最少的鸟类之一。朱鹮仅产于亚洲，系东亚特有种，所以有

▲ 图3-13　朱鹮

"东方明珠"和"东方宝石"之称。

朱鹮栖息于海拔1 200～1 400米的疏林地带，在溪流、沼泽及稻田内涉水漫步，觅食小鱼、蟹、蛙、螺等水生动物，兼食昆虫；在高大的树木上休息及夜宿；曾广泛分布于中国东部、日本、俄罗斯、朝鲜等地，由于环境恶化等因素导致种群数量急剧下降，至20世纪80年代仅我国陕西省南部的汉中市洋县秦岭南麓有7只野生种群，后经人工繁殖，种群数量已达到2 000多只（2014年），其中，野外种群数量突破1 500多只，朱鹮的分布地域已经从陕西南部扩大到河南、浙江等地。

（2）湿地鱼类

我国大部分河流湿地、湖泊湿地和海岸湿地水温适中、光照条件好、水生生物资源丰富，为鱼类提供了丰富的饵料，因此，鱼类种类多，经济价值高。我国鱼类约有3 000种，其中，湿地鱼类有1 000余种，占全国鱼类种类的1/3。湿地鱼类由内陆湿地鱼类、近海海洋鱼类、河口半咸水鱼类和过河口洄游性鱼类构成（国家林业局，2001）。

内陆湿地鱼类种类多，有13目38科约770种（包括亚种，下同）。其中，北方区以鲑科、茴鱼科、狗鱼科、江鳕科等耐寒性较强的鱼类为主，此外，还有一些

鲤科、鳅科和刺鱼科的种类；西北高原区，生活着适应高原急流、耐旱耐盐的鳅科及青海湖的裸鱼；江汉平原区的鲤鱼类特别丰富，是我国淡水渔业中心；华南区和西南区均以鲤科、鳅科和鲇科种类为主。沼泽湿地是多种鱼类产卵和繁殖的场所，如三江平原沼泽湿地是冷水性鱼（如鳇鱼、大马哈鱼、鲟鱼）的繁殖地。

近海海洋划分为3个区。黄、渤海区生活有鱼类250多种，著名种类有小黄花鱼、鳕鱼、太平洋鲱等；东海区是我国主要浅海鱼场区，生活有700多种鱼类，主要种类有带鱼、大黄花鱼、小黄花鱼、鲳、鳓、真鲷、海鳗等；南海区生活有鱼类800多种，经济鱼类主要有鲷、鲹、沙丁鱼、金钱鱼、金枪鱼、鲣鱼、旗鱼、鲨鱼等。

河口半咸水鱼类共有60种，过河口洄游性鱼类20～30种。

我国最大的淡水鱼类白鲟（图3-14）是一种古老动物，在我国辽宁的白垩纪地层中出现的化石说明早在1亿多年前，地球上就生活有白鲟的祖先。现生匙吻鲟科鱼类在世界上只有2种，即白鲟和匙吻鲟，分别生活在我国的长江和美国的密西西比河，两者远隔重洋。因此，白鲟和匙吻鲟揭示了亚洲大陆和北美洲大陆

△ 图3-14 白鲟

相连的历史，反映出地球环境沧海桑田般的变化。作为劫后余生的孑遗动物，白鲟在科学研究上非常珍贵，被列为国家一级保护动物。

（3）湿地两栖类

两栖动物是脊椎动物中从水到陆的过渡类型，它们除成体结构尚不完全适应陆地生活而需要经常返回水中保持体表湿润外，繁殖时期必须将卵产在水中，孵出的幼动物也必须在水内生活，有的种类甚至终生在水内生活，所以将两栖动物全部归入湿地动物。据统计，截止2019年，我国两栖动物约有3目13科62属515种。从动物区划来看，东洋界成分占优势，古北界成分次之，广布种较少。国家重点保护种类有2目3科7种。主要分布于秦岭-淮河以南，其中西南地区种类最多。两栖类中

无足目仅有版纳鱼螈1种，生活于云南西双版纳地区湿地；有尾目大多是水栖湿地种，如大鲵、贵州疣螈、东方蝾螈等；无尾目数量较多，分布甚广。

大鲵是世界上现存最大的也是最珍贵的两栖动物，能活50～130岁，是中国特有物种。因其叫声很像啼哭的婴儿，四条腿又短又胖，前脚四趾，后脚五趾，很像婴儿的手臂，所以人们俗称它为"娃娃鱼"（图3-15），是国家二级保护两栖野生动物。

（4）湿地爬行类

爬行动物是完全适应陆地生活的真正陆生动物，但其中有一部分种类生活在半水半陆的湿地区，是典型湿地种。在我国已知的412种爬行动物中，有3目13科49属122种属于湿地野生动物。从动物区划来看，东洋界成分占明显优势，其中，龟鳖目除陆龟科外、蛇亚目游蛇科的部分种类都分布于我国南部。古北界成分集中于蜥蜴目鬣蜥科的一些种类。广布种不多，常见的有乌龟、鳖、赤链蛇、蝮蛇等。国家重点保护种类有3目6科12种。

扬子鳄（图3-16）因广泛分布于长江中下游水网地带而得名，是我国特有的珍稀物种，国家一级保护动物。扬子鳄是一种古老的爬行类动物，与恐龙同宗，有着长达2.3亿年的进化历史。野生扬子鳄

▲ 图3-15 娃娃鱼

▲ 图3-16 扬子鳄

种群已濒临灭绝，有"活化石"之称。

扬子鳄其貌不扬，加之捕食鸡、鱼、蛙等动物的生态习性，使人们自古以来就有"鳄鱼的眼泪"一说。但在长江中下游水网湿地生态系统中，扬子鳄有着独特的作用。喜栖息于沟、塘、湖等各种沼泽湿地。长江中下游气候温暖而潮湿，这些湿地常年积水，草木生长茂盛。然而，人类无所顾忌的开发侵占了扬子鳄自古以来一直赖以生存的湿地。栖息地大量丧失和水体污染的不断加剧等，使扬子鳄的有效生存区域越来越小，目前，仅零星分布在安徽南部的宣州山区和江浙交界地带，

一度濒临灭绝。

（5）湿地兽类

我国湿地兽类有31种，隶属于7目12科，约占我国兽类总种数的6.2%。国家重点保护种类有5目9科23种。与湿地两栖类和爬行类不同，湿地兽类的广布种成分较多。生活在水中或经常活动在河湖湿地岸边的如白鳍豚、江豚、水獭、水貂等；适合潮湿多水生活条件的如麋鹿、大麝鼩、田鼠等；经常出没于湿地的如川西北沼泽的獾、藏原羚，以及三江平原湿地的狼、黑熊、狍等。

水资源的涵养地

湿地之水，除了江河、溪沟的水流外，湖泊、水库、池塘的蓄水，也都是生产、生活用水的重要来源。据估算，仅全国湖泊淡水储量即达225亿立方米，占淡水总储量的8%。湿地被人们形象地称之为"天然蓄水池"，为人类提供了丰富的水资源，这就为人类的生产和生活提供了基本保障。

沼泽湿地土壤具有独特的水文物理特点，湿地土壤中有孔隙度很大的草根层和泥炭层，所以有很大的持水能力。虽然由于地形等各方面的不同，每个湿地区域都有不同的土壤蓄水量，但湿地都是天然的蓄水池，有着很重要的涵养水源和调洪的功能。

湖泊湿地更是名副其实的天然水

库。我国湖泊总储水量约7 077亿立方米，其中淡水储水量占31.8%。素有"水乡泽园"之称的长江中下游湖群（图3-17）占有重要地位，储水量约为750亿立方米。

水与湿地关系密切。湿地是水资源的重要储存者和持续补给者，在蓄水、调节河川径流、补给地下水、改善水质和维持区域水循环中发挥着重大作用。没有水，就不会有良好的生态环境，人类社会也就不可能生存和发展。同时，水也是湿地之本，离开了水，湿地将不复存在。湿地与水二者相互依存，密不可分。

湿地为我们提供了丰富的水资源。湿地是水资源这一人类不可缺少的生态要素的重要载体之一，是人类工农业生产用水和城市生活用水的主要来源。众多的沼泽、河流、湖泊和水库在输水、储水和供水方面发挥着巨大效益。

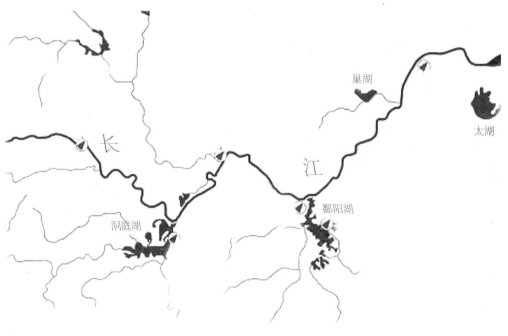

图3-17 长江中下游湖群

矿产资源的富集地

湿地不仅具有丰富的生物资源、水资源，还储藏有极具利用价值的矿产资源。湿地中有各种矿砂、盐类资源以及泥炭资源和油气资源。

湿地可以为人类社会工业经济的发展提供食盐、芒硝、天然碱、石膏等多种原料，以及硼、锂等多种稀有金属矿藏。中国的一些重要油田都分布在湿地区域，对湿地的地下油气资源的开发利用，在国民经济中的意义重大。

泥炭是沼泽环境中特有的产物。在多水和缺氧的条件下，死亡后尚未完全分解的植物残体日积月累地堆积起来，经过几千年形成较厚的松软有机堆积层，是煤的最原始状态。在自然状态下，它含有大量水分，其固体物质除了植物残体和完全腐殖质化的黑色腐殖质之外，还有泥沙。泥炭无菌、无毒、无污染，通气性能好，质轻、持水、保肥，有利于微生物活动；营养丰富，既是栽培基质，又是良好的土壤调节剂。

在有泥炭资源的广大农村，很久以来人们就用泥炭制造堆肥。在缺乏燃料的地区，如青藏高原、安徽南部等地的农村，广泛使用泥炭作为民用燃料。四川和吉林等省在沼气池中添加泥炭，在缺氧条件下使泥炭发酵，提高了甲烷产量。在我国的若尔盖高原，当地人利用其蕴藏着的19亿吨泥炭资源（图3-18），建成了我国第一个泥炭发电站（图3-19），以补充当地电力资源的不足。

▲ 图3-18 若尔盖高原泥炭湿地

▲ 图3-19 若尔盖高原泥炭发电站

泥炭还具有较强的吸附能力和离子交换性能，是处理工业"三废"的重要材料。经过加工处理和改性，泥炭可以吸附重金属离子和油类，用它来净化含油废水和重金属废水效果特别好。此外，用泥炭处理阳离子有色废水，去色率可达90%以上。在化工、医药等领域，泥炭也已成为一种宝贵的非金属资源。

另外，湿地不仅为人类提供了丰富的矿产资源，同时也为人类提供了水电、薪材和水运航道（中国约有10万千米内河航道，内陆水运承担了大约30%的货运量）等。

土地资源的供应站

土地是湿地的依托，湿地是土地的一种重要表现形式。同时，土地也是人类赖以生存和发展的物质基础和环境条件，是社会生产活动中最为基础的生产资料。湿地作为土地的重要表现形式为人类的生存和发展提供了丰富的资源，包括肥沃的湿地土壤、广袤的湿地森林、一望无际的湿地草场（图3-20）等等；同时，人工湿地作为一种土地资源直接跟人类的生产、生活息息相关，比如稻田（图3-21）。

依据2002年全国湿地调查统计结果，我国湿地总面积为7 648.55万公顷，其中，天然湿地面积3 620.05万公顷，人工湿地面积4 028.50万公顷（主要包括库

——地学知识窗——

湿地土地

湿地土地是指由滩涂、湖泊、河流、湿草甸、林地等构成的综合体。湿地土地作为一个整体概念，包括由土壤、沙石组成的地面，以及积水所形成的水面、水体。

▲ 图3-20　湿地土地资源——湿地草场

▲ 图3-21 湿地土地资源——人工稻田

塘和人工稻田）。湿地直接为我国提供了5 764.20万公顷的土地资源。

长期以来，我国过分强调开发和利用湿地土地资源，忽视保护湿地土地，致使我国许多地方的湿地土地资源及其生态功能遭到破坏。湿地土地资源及生态功能的严重破坏，直接威胁到我国生态安全和经济社会的可持续发展。土地利用方式的变化和人类活动的干扰是造成湿地丧失的主要原因。

为遏制破坏性使用湿地土地资源，发挥湿地的经济、社会和生态功能，保障国家生态安全和经济社会可持续发展，我国开始采取一些列的行动来加强湿地保护，保护湿地的土地资源。从立法角度，我国设立了《湿地土地管理法》，为解决我国湿地土地管理问题提供了有效的法制保障。

当然，全方位地保护湿地土地和整个湿地生态环境，仅仅考虑加快立法进程、完善立法建构是不够的，我国政府还需要加强湿地保护宣传教育，增强公众湿地保护的观念；落实保护、恢复湿地土地的经费来源；同时，也要采取加强执法的有效措施。只有这样，才能从根本上改善湿地土地保护现状，实现我国湿地土地资源的可持续利用。

魅力无穷的湿地美景

有人喜欢游览名山大川，有人喜欢欣赏一望无垠的沙漠戈壁，不同的景观有不同的韵致，但可以肯定的是没有人不喜欢山清水秀的美景。湿地不仅为湿地生物提供了良好的栖息地，也为我们人类提供了美丽无比的湿地环境。

湿地具有自然观光、旅游、娱乐等美学方面的功能和巨大的景观价值。长期以来，由于湿地特有的资源优势和环境优势，湿地一直是人类居住的理想场所，是人类文明的发祥地。湿地是自然景观的重要组成部分。湿地为人类视野提供了多样性，广袤、静谧的湿地上点缀着放歌起舞、游弋信步的珍禽异兽，山水掩映、风清气爽，大自然无私的馈赠给人类提供了魅力无穷的湿地环境。滇池、太湖、洱海、西湖、九寨沟（图3-22）、漓江（图3-23）等等都是国内外著名的旅游风景区，除可创造直接的经济效益外，还具有重要的文化价值。尤其是城市中的水体，在美化环境、调节气候、为居民提供休憩空间方面有着重要的社会效益。然而，湿地景观及相关的美学价值一旦破坏就很难恢复。

湿地是地球上具有重要环境功能的生态系统和多种生物的栖息地。湿地与人类的生存、繁衍、发展息息相关，是人类最重要的生存环境之一，享有"地球之肾"和"生命摇篮"的美誉。人类必须与湿地、与自然和睦相处，成为同舟共济的伙伴。

爱护我们的环境，关注湿地，就是关注我们人类自己；保护湿地，就是保护我们的家园！

▲ 图3-22　九寨沟　　　　　　　　▲ 图3-23　漓江

Part 4 世界湿地掠影

从炎热的赤道到寒冷的极地，从高耸的青藏高原到低洼的海岸地区，从干燥的沙漠到湿润的热带雨林，从辽阔的草原到茫茫的原始森林，从人烟稀少的戈壁滩到喧嚣繁华的都市，到处都可见到湿地美丽的身姿。

湿地是地球上最富特色的生态系统类型之一，广泛分布于世界各地。从炎热的赤道到寒冷的极地，从高耸的青藏高原到低洼的海岸地区，从干燥的沙漠到湿润的热带雨林，从辽阔的草原到茫茫的原始森林，从人烟稀少的戈壁滩到喧嚣繁华的城市，到处都可见到湿地美丽的身姿。

世界湿地分布

据《湿地公约》中湿地的定义，全世界湿地面积约为5.14亿公顷，占陆地总面积的6%。除了南极洲外，全球各地都可以找到湿地的踪迹。全球湿地中2%为湖泊，30%为泥塘，26%为泥沼，20%为沼泽，15%为泛滥平原。

加拿大湿地面积居世界首位，约有1.27亿公顷，占全世界湿地总面积的22%；美国1.11亿公顷，接着是俄罗斯，中国湿地面积约为5 635万公顷（包括稻田和人工湿地），居世界第四位、亚洲第一位。

世界湿地类型多样，各有迷人之处。巴西亚马孙河河口波涛汹涌，气势磅礴；加拿大大草原上的水泡如绿地毯上点缀的繁星，使人目不暇接；俄罗斯西伯利亚的寒带沼泽无边无际，难以涉足；非洲的维多利亚湖畔河流纵横，沼泽密布；澳大利亚的卡卡渡国家公园山水相映，海岸盐沼、河流和淡水沼泽交相映辉，组成一幅妙不可言的图画，令人流连忘返；欧洲虽经长期的人类开发，但仍有很多富有魅力的湖泊、泥炭沼泽和海岸湿地保留至今；亚洲湿地类型齐全，青藏高原的高寒盐湖和咸水湖独一无二。世界湿地五彩纷呈，充满神秘色彩。

湿地在全球分布非常广泛，各大洲均有分布，主要集中在欧洲大部、北美洲的加拿大、南美洲的巴西、亚洲的中国和印度、澳洲的澳大利亚以及非洲的北部和中部尼罗河流域。世界重要湿地分布见下图（图4-1）。

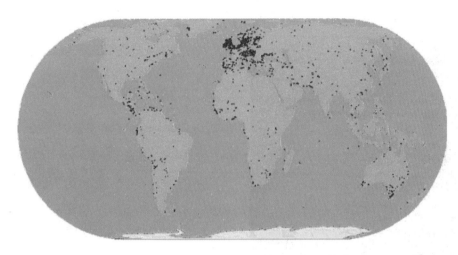

过去的100年中，全球大约半数湿地遭到破坏。联合国环境规划署执行主任阿希姆·施泰纳说："过去100年，我们破坏了全球50%的湿地，这是一个惊人的数字。"在亚洲和其他一些地区，沿海湿地以每年1.6%的速度消失。20世纪80年代以来，红树林覆盖面积减少了20%，大约360万公顷，近年来更以每年多至1%的速度消失。

保护湿地迫在眉睫，建立湿地自然保护区是保护湿地最有效的措施。

世界六大湿地

1. 全球最大的湿地——潘塔纳尔沼泽地

潘塔纳尔沼泽地（图4-2）是世界上最大的湿地，面积达2 500万公顷，主要位于巴西西部以及玻利维亚和巴拉圭境内。

潘塔纳尔沼泽地以种类繁多的野生生物而闻名，是巴西主要的旅游胜地之一。与其他生态旅游区不同的是，在这儿您可以与野生生物真实接触。潘塔纳尔沼泽地雨林覆盖面积小而浓密，被认为是全美洲欣赏

▲ 图4-2　潘塔纳尔沼泽地

美洲豹的最佳去处。进入沼泽地后，首先映入眼帘的是一望无际的草场和数不清的白色牛群，紧接着道路两旁出现湖泊和河流、五颜六色的飞鸟、趴在水边晒太阳的鳄鱼以及躲在草丛里乘凉的小动物们。

潘塔纳尔沼泽地内分布着大量河流、湖泊和平原。其中的湿地、草原、亚马孙河和大西洋森林都是南美具有代表性的生态系统。潘塔纳尔沼泽地除了丰富的植物资源外，还生活着650种鸟类、230种鱼类、95种哺乳动物、167种爬行动物和35种两栖动物。由于潘塔纳尔沼泽地自然条件特殊，生物种类繁多，2000年11月，它被联合国教科文组织列为世界生物圈保护区，同年又被联合国教科文组织列入人类自然遗产名单。

（1）壮观的鳄鱼列队

据说，在这块沼泽地上生活着近1 000万条鳄鱼。进入沼泽地，沿途能看见身长一两米的鳄鱼横在路旁。在湖边更是有无数条形态各异的鳄鱼并排地趴着（图4-3、图4-4），好像在列队欢迎远方宾客。据当地人说，这里的鳄鱼并不伤人，当人走近时，鳄鱼会直起身来，将头高高抬起，做出逃跑的架势。

▲ 图4-3　壮观的鳄鱼列队

▲ 图4-4　奇异的驼背鳄鱼

在一个不到500平方米的湖中生活着几百条鳄鱼，因此，它们在水中游动起来是摩肩接踵的。每到雨季来临，它们便活动频繁；而到了冬季，当湖水接近干枯时，鳄鱼就蛰伏在泥土中，直到第二年雨季来临。

（2）美丽的飞鸟画卷

每到雨季，潘塔纳尔沼泽地就像一片一望无际的海洋，人们可以乘船在植物稀少的地区自由航行。此时，各种飞鸟都飞到退水的地区觅食地上的各种贝类和小虫。无论是地上，还是树上（图4-5）或者蓝天上到处都是成群的飞鸟。在这些鸟类中，既有小小的蜂鸟，又有号称鸟中之王的身体长达140厘米的大嘴巨鹤（图4-6）。除飞鸟外，还有100多种色彩斑斓的蝴蝶聚集在此，构成一幅美丽的画卷。鸟儿们都各自分类后聚集在一起，每当车子靠近时，它们就边叫、边拍打着翅

△ 图4-6　大嘴巨鹤

膀一齐飞向蓝天。在周围的树林里，各种鸟叫声不绝于耳，好像正在举行飞鸟音乐会。

（3）美味的食人鱼

在沼泽地不仅可欣赏到许多动植物，还可钓到食人鱼（图4-7）。食人鱼个头并

△ 图4-7　红腹食人鱼

不大，普通的只有巴掌大小，长有锋利的牙齿。虽然看上去这种鱼小巧精致，与平常的鱼差不多，可它却是异常凶猛的肉食性鱼类。尤其是当闻到血腥味时更会凶相毕露，不顾一切地撕咬。钓到食人鱼很容易，只要

△ 图4-5　潘塔纳尔沼泽地的鹦鹉

把肉插在鱼钩上放到水里，就立刻有无数条食人鱼来咬钩，这时候马上将鱼竿抬起，就一定能钓到。在巴西中部地区，食人鱼是一道名菜，它肉质白嫩，味道鲜美。

根据卫星图像资料显示，潘塔纳尔沼泽地正在以每年2.3%的速度减少。按照这个速率发展下去，45年以后这块世界上最大的湿地将在地球上消失。巴西政府已经意识到这一事件的严重性，特别成立了潘塔纳尔生物保护圈管理委员会，负责制订和实施保护潘塔纳尔湿地的行动计划。

2. 非洲的沙漠绿洲——奥卡万戈三角洲湿地

奥卡万戈三角洲湿地（图4-8）地处博茨瓦纳北部，是一块草木茂盛的热带沼泽地，四周环绕着卡拉哈里沙漠草原，是非洲面积最大、风景最美的绿洲，面积约150万公顷，由奥卡万戈河每年的洪水冲积而成，有着世界罕见的沙漠湿地风光。

🔺 图4-8 奥卡万戈三角洲湿地

三角洲内草木茂盛的沼泽地带（图4-9）生活和栖息着种类繁多的野生动物，长期以来被誉为地球上原始生态保护得最好的区域之一。

🔺 图4-9 沼泽地带

奥卡万戈三角洲湿地的主要河流——奥卡万戈河发源于安哥拉高地，是第四长的南部非洲河流，全长1 600千米。奥卡万戈三角洲是世界上最大的内陆三角洲，面积5 300万公顷。位于卡拉哈里沙漠中的奥卡万戈河易发季节性泛滥，有两个洪水季节。第一个在夏季（开始于11～12月），上游洪水经6个月后到达三角洲而形成第二个洪水季节。但由于气温较高，洪水还没有到达大海就全部蒸发在卡拉哈里沙漠里了，因而常被人们描述为"永远找不到海洋的河"。正是由于这种独有的水文特点形成了奥卡万戈三角洲湿地，成为动植物的天然乐园。3月份暴雨频繁、河水泛滥，河水越过边界进入博茨瓦纳的卡拉哈里沙漠。有一段流程，河流穿行于两侧被山脊夹持的相当狭窄的走廊地带，宽仅15千米。河水浸溢到洪泛平原后形成了世界上最大的淡水湿地，这一举世无双的生态系统蕴含了动植物的多样性。它拥有400多种鸟类和许多野生生物，如河马（图4-10）、大象（图4-11）、长颈鹿、鳄鱼、狮子、猎豹、犀牛和斑马。

▲ 图4-10　河马

▲ 图4-11　奔跑的象群

3. 世界最独特的湿地——佛罗里达的大沼泽湿地

佛罗里达的大沼泽湿地（图4-12）

▲ 图4-12　大沼泽湿地

是美国佛罗里达州南部的亚热带沼泽地，联合国教科文组织和《湿地公约》将其列为世界上最重要的三个湿地之一。它是一个极其独特的湿地生态系统，热带和温带在这里交汇，淡水与咸水在这里交融，孕育出多样的生境和丰富的物种。

世界上绝大多数淡水湿地都与河流相伴而生，而大沼泽湿地并不依赖河流，其水分和养料几乎全部靠降水供给，这在全球大型淡水湿地中可谓独树一帜，这也正是其独特之处。

大沼泽湿地这一独特的生态系统并不完全是一片一望无际的草海，无声的水流也从落羽杉林、长满热带树木的小丘和松林之间穿行而过，辗转流入海岸的红树林、海草床……所有这一切几乎都是在距今约5 000年内形成的。对于生态系统来说，5 000年实在只能算弹指一瞬间。在此以前，地球正经历着最后一个冰期，气候较干冷，海平面也比现在低，那时的大沼泽地区排水良好，并没有湿地的景观。随着气候逐渐变暖，海平面上升，降水也开始增多，大沼泽湿地所在的区域排水渐缓，植物的枯枝落叶经多年积累，慢慢形成了富含有机质的土壤，大沼泽湿地从此诞生。

大沼泽湿地是热带与温带的联姻。5 000年前，大沼泽地区的动植物主要以温带成分为主；近5 000年来，随着气候转暖，热带物种或顺风、或逐流、或被动物携带到这里，渐渐形成了今日大沼泽湿地温带和热带动植物共存的多样局面：45种哺乳动物、50种爬行动物（图4-13）、20种两栖类、数以百计的鱼类、350种鸟类（图4-14）和2 000余种植物都是这里的主人。

近一个世纪以来，人们有意无意地为大沼泽湿地引入了外来物种，它们中很

图4-14 大沼泽湿地的鸟儿

多反客为主，大行"鹊巢鸠占"之事，对大沼泽湿地的本土物种构成了威胁。被放生的绿鬣蜥、缅甸蟒（图4-15），以及一些热带观赏鱼等都把大沼泽湿地当成了家。植物入侵者也不甘示弱，原产澳大利亚的桃金娘科白千层属的白油树（图4-16）或许算得上这里破坏力最大的外来植物。它们在大沼泽湿地温暖的气候中生长极佳，在强势侵入牙买加克拉莎草沼泽后，渐渐形成密林，喜光的本土植物便不能生长。此外，白油树的蒸腾作用比原

图4-13 大沼泽湿地的鳄鱼

图4-15 外来物种缅甸蟒

▲ 图4-16　外来物种白油树

生植被强，加快了湿地变干的步伐。大沼泽地是目前美国唯一一处被列入"世界濒危遗产名录"的世界遗产地，濒危遗产鲜红的标志显得分外扎眼，这已是它第二次被列入"世界濒危遗产名录"了。

4. 非洲美丽的"树叶"——圣卢西亚湿地

圣卢西亚湿地（图4-17、图4-18）以大圣卢西亚湿地公园而闻名，是南非夸祖卢-纳塔尔省物种最多的地区。该公园广阔的湿地、沙丘、海滩（图4-19）和珊瑚礁均闻名于世。动物种类更是数不胜数。湿地类型包括内河、纸草沼泽地、芦苇盐碱湿地、莎草沼泽地、含盐湿地和生长着大型植物的水底层。其中，内河及纸草沼泽地大约覆盖了公园7 000公顷的面积，这种规模在南非的湿地保护区中首屈一指。圣卢西亚湿地的植物种类繁多，总计有152个科、734个属。南非31%的植

▲ 图4-17　圣卢西亚湿地

▲ 图4-18　圣卢西亚湿地风光旖旎

▲ 图4-19　圣卢西亚海岸

物生长在这里，其中有一些是该湿地所特有的植物。含盐湿地的代表植物是孢子体、海蓬子属和雀稗属植物。草地类型主要包括沙滩上的亲水草地、涝原、南非洲

棕榈草原以及3种分别生长在沙地、黏土和石质土上的草地。林地由阔叶林、阿拉伯树胶林、河边树林、榄仁树和马钱子混合林以及灌木构成，这里为食草动物（图4-20、图4-21）提供了充足的养料。

▲ 图4-20　圣卢西亚湿地的河马

▲ 图4-21　圣卢西亚湿地的斑马

迄今为止，圣卢西亚湿地的昆虫种类还没有完全被人类获知。但仅就掌握的资料来看，这绝对是一个丰富多彩的大千世界。196种蝴蝶、52种蜻蜓、139种金龟子科甲虫、41种陆生蜗牛……其种类之巨，令人叹为观止。生活在海中及河口的无脊椎动物是湿地内最重要的水生动物族。据统计，这里共有43种硬珊瑚虫，

10种软珊瑚虫，珊瑚礁也因其特有的保护和科学价值颇受人们青睐。圣卢西亚湿地还发现有14种海绵动物、4种被囊动物和812种水生软体动物，西印度洋特有的暗礁鱼类中，85%栖息在这片水域。该湿地有6种淡水动物是世界范围内的濒危物种，16种是国家级濒危动物，世界上最大的鲨鱼——赞比西河真鲨也栖息在这里。圣卢西亚湿地以拥有自然界最庞大的动物群而闻名于世，现存的最大海龟——棱皮龟（图4-22）、红海龟、鲸鱼、海豚、鲨鱼、火烈鸟（形体似鹤）、各种涉禽类鸟、塘鹅以及其他水鸟都栖息（或季节性栖息）在该地，著名的尼罗河鳄鱼（图4-23）也在这里安了家。

▲ 图4-22　最大的海龟棱皮龟

▲ 图4-23　圣卢西亚湿地的鳄鱼

圣卢西亚湿地现有50种两栖动物，108种爬行动物（包括12种海龟、53种蛇、42种蜥蜴和1种鳄鱼），其中，有5种两栖动物属该地区特产，6种爬行动物属世界濒危物种。这里更是一个五彩缤纷的鸟类乐园，有521种鸟在这里栖息，其中，仅火烈鸟的数量就达到了50 000只。湿地内的陆地和水生哺乳动物总计有129种，其中包括95只黑犀和150只白犀。

圣卢西亚湿地犹如一片清新的树叶湿润着非洲最南部，它是世界上生态最敏感的地区之一，如今也是南非最美丽的地方之一。

5. 生命的旋涡——韩国顺天湾湿地

顺天湾湿地（图4-24）位于朝鲜半岛南端韩国顺天市的顺天湾，它不仅拥有宽阔的潮汐平地，而且还有高潮线与低潮线之间的沼泽，被公认为韩国物种最丰富和环境最美丽的沿海生态系统。

被称为"生命的旋涡"和"地球之肺"的顺天湾湿地，分布在东川和伊沙川交汇的下游流域周边滩涂地区。据推测，由于江水流入将泥沙和有机物带进该区域，使顺天湾变成积水地区，并在海潮的作用下，经过漫长岁月的沉积便形成了现在广阔的滩涂（图4-25）。顺天湾湿地的主要构成物质均源于东川和伊沙川，由于现在东川和伊沙川的直线化带来了河水流速的增加，湿地已经扩大到离河口较远的地区。

▲ 图4-25 顺天湾滩涂

顺天湾湿地是韩国滩涂中唯一的盐碱湿地（图4-26），在自然生态方面有

▲ 图4-24 顺天湾湿地

▲ 图4-26 顺天湾盐碱湿地

很高的保存价值及研究价值。顺天湾远离污染，滩涂和盐碱湿地发达，盐碱地植物繁多，分布广泛的芦苇丛（图4-27）和七面草是黑仙鹤、黑脸琵鹭（图4-28）、白鹤、黑顶海鸥（图4-29）、

黄嘴白鹭等世界珍稀鸟类的越冬地和理想栖息地，是世界上湿地当中珍稀鸟类种类最多的地方。除了这些珍稀鸟类，还有鹬鸟、青铜鸭、大雁等140种鸟类在这里繁殖越冬。

顺天湾芦苇丛的总面积约15万坪（韩国计量单位，1坪相当于3.3平方米），两川会合之处3千米左右的河道两旁绝大部分被芦苇丛覆盖。与那些稀疏、分散的芦苇丛不同，这里密密麻麻地分布着一人多高的芦苇，是韩国国内最大规模的芦苇丛。

当地人正在制定环境管理规划，保护生物资源、减少污染、改进制度和提高公众环境意识。

6. 欧洲观鸟圣地——卡玛格湿地

卡玛格湿地（图4-30、图4-31）位于法国东南部，罗讷河三角洲的边缘，

▲ 图4-27　顺天湾芦苇丛

▲ 图4-28　黑脸琵鹭

▲ 图4-29　黑顶海鸥

▲ 图4-30　卡玛格湿地

△ 图4-31　卡玛格湿地

卡玛格湿地是欧洲主要的国家和地区性的候鸟迁徙越冬的重要栖息地，面积达85 000多公顷的湿地占据了卡玛格地区的大部分面积。这里广袤的沼泽和草地上栖居着上百种野生动物，更有上千种草本植物在此生长，与此同时，这里更是会吸引近500个物种终年不断地从各地迁徙而来，它们共同赋予罗讷河三角洲以盎然的生机和无限魅力，给这片土地带来一种世外桃源的美感。旅游内容以观看火烈鸟、卡玛格马（亦称卡马尔格马、白色的海之马）、卡玛格公牛最为闻名。

该湿地的1/3区域是湖泊或沼泽。它被誉为是欧洲赏鸟（图4-32、图4-33、图4-34、图4-35）的最佳去处之一。

△ 图4-32　卡玛格湿地的鸟　　　　　　△ 图4-33　卡玛格湿地的鸟

△ 图4-34　卡玛格湿地的鸟　　　　　　△ 图4-35　卡玛格湿地的鸟

火烈鸟（图4-36），体型大小似鹳，高约1.6米，翼展1.5米。体羽白而带玫瑰色，飞羽黑，覆羽深红，但红色并不

图4-36　卡玛格湿地的火烈鸟

是火烈鸟本来的羽色，而是来自其摄取的浮游生物。火烈鸟脖子长，常呈S形弯曲；嘴短而厚，上喙中部突向下曲，下喙较大成槽状，上喙比下喙小；腿很长，脚上向前的三趾间有蹼，后趾短小不着地；翅大小适中；尾短。

2009年12月，国际野生动物保护协会（WCS）公布了一批因气候变化而濒临灭绝的野生动物名单，其中介绍火烈鸟是世界珍稀鸟类，由于全球湿地面积迅速缩减，火烈鸟的生存岌岌可危。

Part 5 中国湿地大观

　　我国的湿地面积大，类型多，分布广，有着众多奇景。其中我们最为

熟知的湿地是溪水、河流、湖泊、沼泽、海洋……它们是人类极为宝贵的

自然财富，也孕育了人类文明。

我国的湿地面积大，类型多，分布广，有着众多奇景。其中，我们最为熟知的湿地是溪水、河流、湖泊、沼泽、海洋……它们是人类极为宝贵的自然财富，也孕育了人类文明，更为人类带来了福利。

中国湿地分布

国湿地指中国境内的湿地。中国湿地面积5 635多万公顷（图5-1），约占世界湿地面积的10%，居亚洲第一位，世界第四位。按照湿地公约对湿地类型的划分，31类天然湿地和9类人工湿地在中国均有分布。其中，近海及海岸湿地

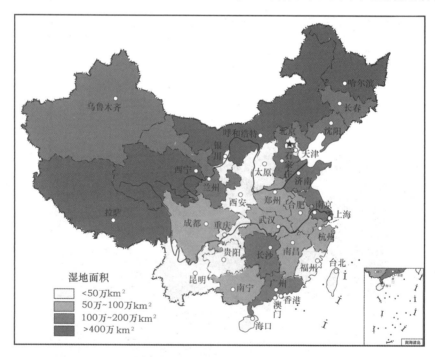

湿地面积
<500万km²
50万~100万km²
100万~200万km²
>400万km²

图5-1　中国湿地面积分区图

类包括浅海水域、潮下水生层、珊瑚礁、岩石性海岸、潮间沙石海滩、潮间淤泥海滩、潮间盐水沼泽、红树林沼泽、海岸性咸水湖、海岸性淡水湖、河口水域和三角洲湿地；河流湿地类包括永久性河流、季节性或间歇性河流和泛洪平原湿地；湖泊湿地类包括永久性淡水湖、季节性淡水湖、永久性咸水湖和季节性咸水湖湿地；沼泽湿地类包括藓类沼泽、草本沼泽、沼泽化草甸、灌丛沼泽、森林沼泽、内陆盐沼、地热湿地、淡水泉或绿洲湿地；人工湿地类包括池塘、水库、稻田等。

1. 近海与海岸湿地

中国近海与海岸湿地主要分布于沿海的11个省（市、区）和港澳台地区（图5-2）。海域沿岸有1 500多条大中河流入海，形成了浅海滩涂、珊瑚礁、河口水域、三角洲、红树林等湿地生态系统。近海与海岸湿地以杭州湾为界，分成杭州湾以北和杭州湾以南两个部分。

（1）杭州湾以北的近海与海岸湿地

除山东半岛、辽东半岛的部分地区为岩石性海滩外，多为砂质和淤泥质海滩，由环渤海滨海和江苏滨海湿地组成。这里植物生长茂盛，潮间带无脊椎动物特别丰富，浅水区域鱼类较多，为鸟类提供了丰富的食物来源和良好的栖息场所，许

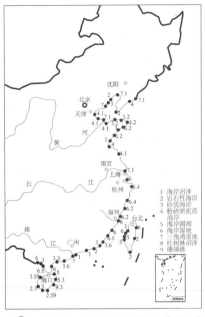

△ 图5-2 我国主要海岸湿地类型分布

多地区成为大量珍禽的栖息地，如辽河三角洲、黄河三角洲、江苏盐城沿海等。

（2）杭州湾以南的近海与海岸湿地

以岩石性海滩为主。其主要河口及海湾有钱塘江–杭州湾、晋江口–泉州湾、珠江口河口湾和北部湾等。在海南至福建北部沿海滩涂及台湾西海岸的海湾、河口的淤泥质海滩上都有天然红树林分布。

2. 河流湿地

中国流域面积在100平方千米以上的河流有50 000多条，流域面积在1 000平方千米以上的河流约1 500条。绝大多数河流分布在东部气候湿润多雨的季风区，西北内陆气候干旱少雨，河流较少，

并有大面积的无流区。从大兴安岭西麓起，沿东北-西南向，经阴山、贺兰山、祁连山、巴颜喀拉山、念青唐古拉山、冈底斯山，直到中国西端的国境，为中国外流河与内陆河的分界线。分界线以东、以南，都是外流河，面积约占全国总面积的65.2%；分界线以西、以北，除额尔齐斯河流入北冰洋外，均属内陆河，面积占全国总面积的34.8%。

在外流河中，发源于青藏高原的河流，都是源远流长、水量很大、蕴藏巨大水利资源的大江、大河，主要有长江、黄河、澜沧江、怒江、雅鲁藏布江等；发源于内蒙古高原、黄土高原、豫西山地、云贵高原的河流，主要有黑龙江、辽河、滦河、海河、淮河、珠江、元江等；发源于东部沿海山地的河流，主要有图们江、鸭绿江、钱塘江、瓯江、闽江、赣江等，这些河流逼近海岸，流程短、落差大，水量和水力资源比较丰富。中国的内陆河区域划分为新疆内陆诸河、青海内陆诸河、河西内陆诸河、羌塘内陆诸河和内蒙古内陆诸河等五大区域，其共同点是径流产生于山区，消失于山前平原或流入内陆湖泊。

3. 湖泊湿地

根据自然环境的差异、湖泊资源开发利用和湖泊环境整治的区域特色，将中国湖泊的分布划分为5个自然区域。

（1）东部平原地区湖泊

主要指分布于长江及淮河中下游、黄河及海河下游和大运河沿岸的大小湖泊，是中国湖泊分布密度最大的地区之一，中国著名的五大淡水湖鄱阳湖、洞庭湖、太湖、洪泽湖和巢湖即位于本区。本区湖泊水情变化显著，生物生产力较高。由于人类活动影响强烈，本区湖泊数量和面积锐减，湖泊水体富营养化和水质污染有逐渐加重的趋势。

（2）蒙新高原地区湖泊

地处内陆。该区气候干旱，降水稀少，地表径流补给不丰，蒸发强度较大，超过湖水的补给量，湖水不断浓缩而发育成闭流类的咸水湖或盐湖。

（3）云贵高原地区湖泊

全系淡水湖。区内一些大的湖泊都分布在断裂带或各大水系的分水岭地带，如滇池、抚仙湖、洱海等。由于入湖支流水系较多，而湖泊的出流水系普遍较少，故湖泊换水周期长，生态系统较脆弱。

（4）青藏高原地区湖泊

是地球上海拔最高、数量最多、面积最大的高原湖群区，也是中国湖泊分布密度最大的两大稠密湖群区之一。本区为长江、黄河和澜沧江等水系的河源区，湖泊补水以冰雪融水为主，湖水入不敷出，干化现象显著，近期多处于萎缩状态。该区以咸水湖和盐湖为主。

（5）东北平原与山区湖泊

多系外流淡水湖，主要分布在松辽平原和三江平原，由于地势低平、排水不畅，发育了大小不等的湖泊。此外，丘陵和山地还有火山口湖和堰塞湖。

4. 沼泽湿地

中国沼泽在地理分布和类型特征

上，既显示出地带性规律，又有非地带性或地区性差异。全国沼泽以东北三江平原、大兴安岭、小兴安岭（图5-3）、长白山地和青藏高原（图5-4）为多，天山山麓、阿尔泰山、云贵高原以及各地河漫滩、湖滨、海滨一带也有沼泽发育，山区多木本沼泽，平原则草本沼泽居多。概括起来，中国沼泽分布有如下规律：

（1）分布广而零散

中国从寒温带到热带，从沿海到内

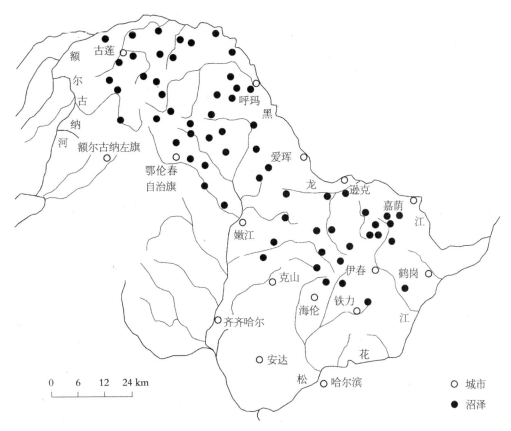

图5-3　大、小兴安岭沼泽湿地分布示意图

🔺 图5-4　长江河源区沼泽湿地分布示意图

陆，从平原到山地和高原都有沼泽分布，但每一块沼泽地的面积都不大，仅东北的三江平原和四川西北部的若尔盖沼泽呈集中连片分布。

（2）东部地区的沼泽多于西部

中国东部地势低平，气候湿润，降水充沛，地下水和地表水丰富，利于沼泽发育，故沼泽面积约占全国沼泽面积的70%。

（3）东部地区受纬度地带性的影响，沼泽面积有从北向南减少的总趋势

东北山地和平原，属寒温带和温带，气候比较冷湿，不仅沼泽类型多，面积也大，东北全区沼泽面积约占全国总面积的一半以上；向南至暖温带、亚热带和热带，沼泽面积迅速减小。

中国湿地的特点是类型多、绝对数量大、分布广、区域差异显著、生物多样性丰富。

在中国境内，从寒温带到热带、从沿海到内陆、从平原到高原山区都有湿地分布，而且还表现为一个地区内有多种湿地类型和一种湿地类型分布于多个地区的

特点，构成了丰富多样的组合类型。

中国东部地区河流湿地多，东北部地区沼泽湿地多，而西部干旱地区湿地明显偏少；长江中下游地区和青藏高原湖泊湿地多，青藏高原和西北部干旱地区又多为咸水湖和盐湖；海南岛到福建北部的沿海地区分布着独特的红树林以及亚热带和热带地区人工湿地。青藏高原具有世界海拔最高的大面积高原沼泽和湖群，形成了独特的生态环境。

中国的湿地生境类型众多，其间生长着多种多样的生物物种，不仅物种数量多，而且有很多是中国特有的物种。据初步统计，中国湿地植被约有101科，其中维管束植物约有94科，中国湿地的高等植物中属濒危种类的有100多种。中国海岸带湿地生物种类约有8 200种，其中，植物5 000种，动物3 200种。中国的内陆湿地高等植物约1 548种，高等动物1 500多种。中国有淡水鱼类770多种或亚种，其中包括许多洄游鱼类，它们借助湿地系统提供的特殊环境产卵繁殖。中国湿地的鸟类种类繁多，在亚洲57种濒危鸟类中，中国湿地内就有31种，占54%；全世界雁鸭类有166种，中国湿地就有50种，占30%；全世界鹤类有15种，中国仅记录到的就有9种；此外，还有许多属于跨国迁徙的鸟类。在中国湿地中，有的是世界某些鸟类唯一的越冬地或迁徙的必经之地，如在鄱阳湖越冬的白鹤占世界总数的95%以上。

中国十大湿地

1. "鸟类的国际机场"——双台河口湿地

辽宁双台河口湿地是环西太平洋鸟类迁徙的中转站，是中国暖温带最年轻、最广阔、保护最完整的湿地，被称为"鸟类的国际机场"。

辽宁双台河口湿地位于辽宁省辽东湾北部，主要保护类型是野生动物，主要保护对象是丹顶鹤（图5-5）、东方白鹤（图5-6）、大天鹅、黑嘴鸥（图5-7）等珍稀水禽。

辽宁双台河口湿地属滨海湿地和内陆湿地，主要湿地类型包括盐沼、滩涂、永久性浅海水域、河口水域、永久性河

图5-5 姿态优雅的丹顶鹤

图5-6 东方白鹳

图5-7 黑嘴鸥

流、时令河和人工湿地等。辽宁双台河口国家级自然保护区是双台河口湿地的管理机构，它是随着盘锦建市而成立的，当时为市级水禽自然保护区，后来被升级为省级自然保护区，之后经国务院批准晋升为国家级自然保护区。这足以表明国家对湿地保护区的重视。之后，此保护区开始被世界所重视，相继被列入"东亚及澳大利亚涉禽迁徙航道保护区网络"（1996）、"东北亚鹤类保护网络"（2002）、《国际重要湿地名录》（2005）。

双台河口湿地属古北界东北亚界东北区的松辽平原亚区辽河平原，是东亚–澳大利亚候鸟迁徙的重要中转站。湿地中分布有各类动物869种，是我国鱼、虾、蟹和文蛤的重要产地，是许多鱼类的洄游、产卵、育幼场所。湿地内分布有259种鸟类，其中，国家一级重点保护动物有丹顶鹤、白鹤、东方白鹳、黑鹳、金雕（图5-8）等8种；国家二级重点保护动

图5-8 金雕

物有白枕鹤、灰鹤、大天鹅、小天鹅、鸳鸯、白尾鹤、雕鹗等29种；有中日候鸟保护协定中规定保护的鸟类145种，中澳候鸟保护协定中规定保护的鸟类46种。双台河口湿地地处我国东部候鸟迁徙的必经之路，每年来栖息繁殖的涉禽和雁鸭类水禽都有数十万只。全世界有丹顶鹤1 900多只，在双台河口湿地停歇的有800多只，繁殖的有50余只，是丹顶鹤自然繁殖地的最南端。双台河口湿地还是珍禽黑嘴鸥在全球仅有的少数几处重要繁殖地之一，黑嘴鸥全世界有8 000多只，在此栖息繁殖的有6 000多只，占该种世界总数的3/4。河口附近海域还生活着斑海豹（图5-9），是全球斑海豹繁殖的最南限。

双台河口湿地属华北植物区，受区域生态环境的影响，植物种类比较单一，分布有植物217种，其中，浮游植物91种，维管束植物126种，建群植物不超过10种，多为草本种类。以芦苇和碱蓬为主要建群种，形成了壮观的芦苇荡（图5-10）和独特的红海滩景观（图5-11），是重要的鸟类栖息生境和旅游资源。同时，芦苇还是重要的造纸原料，具有极高的生态价值和经济价值。

▲ 图5-10 壮观的芦苇荡

▲ 图5-11 独特的红海滩景观

双台河口湿地大地构造位于华北地台东北部，区域构造位于辽河断陷的构造处，由于辽河盆地不断受到海水的侵蚀，所以在河口处堆积了很明显的海侵地。随之，海岸线也频繁发生变化。这正是本区构造活动活跃的体现。此处以冲积海积相滨海平原地貌为主，地势平坦、开阔，有

▲ 图5-9 生活在双台河口湿地的斑海豹

明显的河道，苇塘泡沼和海域滩涂较多。在冲刷过程中，河水挟带大量的泥沙，这些泥沙为湿地土壤的形成提供了原料，所以，湿地的土壤主要是沼泽土、盐土、潮滩土。在多年积水的影响下，土壤透气性差，养分分解慢，土壤中的盐分逐渐增加，这严重影响了植物根系吸收土壤养分，故积累了大量土壤养分。湿地盐土又分为潮滩盐土、滨海盐土、草甸盐土、沼泽盐土。

双台河口湿地为河流的沉积平原，主要是辽河、浑河、太子河、饶阳河和大陵河5条河流冲刷而成的，此处地势低平，有大面积的淡水沼泽、咸水沼泽、沙滩和潮汐间泥滩。在沼泽中生长着大片芦苇，而众多的小鱼塘也是此处的特色，除此之外，由于属于温带半湿润季风气候，所以在湿地东部有大片的水稻田。

双台河口湿地属于河口湿地，位于中国高纬度地区，是面积最大的滨海芦苇沼泽区，有大面积的翅碱蓬滩涂和浅海海域，是湿地生物生长的绝佳场所。另外，由于湿地有防洪、调节气候、防止近海水体富营养化等重要作用，所以得到了政府的重视。鉴于湿地内保存了完好的自然生态系统，所以在湿地内，政府设立了专门研究物种生态的基地来进行研究。

2. 群山中的"绿宝石"——碧塔海湿地

迪庆高原最为著名的高山湖泊是碧塔海。在它的周围有很多的苍松古树，被众多的山峰所围绕，景色非常壮美，俨然是一颗镶嵌在群山中的"绿宝石"。

云南的碧塔海湿地（图5-12）位于云南迪庆藏族自治州中甸县城东部，距离香格里拉比较近。此处海拔最高的是"弥里塘"，而最低点是洛吉乡的"河岔沟"。碧塔海湿地以碧塔海为中心，东、南、北三面与中甸县洛吉乡相邻，而西部与大中甸乡接壤。碧塔海湿地以内陆湿地、湖泊湿地、高山湿地和草本泥炭湿地为主要的湿地类型。最初，它被云南省政府批准为省级自然保护区，后来得到了国际重视，被列入《国际重要湿地名录》。

图5-12　碧塔海湿地

碧塔海湿地是众多珍稀物种的栖息地，其中主要的珍稀鱼类是中甸叶须鱼（图5-13）、中甸重唇鱼（图5-14）

▲ 图5-13 中甸叶须鱼

▲ 图5-14 中甸重唇鱼

等，同时，很多的珍稀鸟类也在此处歇息、过冬。在这里聚集了众多的保护动物，如国家一级重点保护动物有包括黑颈鹤在内的3种，二级重点保护动物有包括猕猴、豺俐、云豹等在内的14种。另外，还有一些具有经济价值或者观赏价值的动物，如黑熊、藏鼠兔、舔鼠……

在碧塔海湿地有众多的鱼类资源，其中最为独特的就是高山裸鲤（图5-15），它被生物学家称为"碧塔重唇鱼"，是第四纪冰川时期遗留下来的古生物。这种鱼类的主要特点是：身体圆而

直，跟泥鳅一样没有鱼鳞，肉质鲜美。因为被当地藏民视为"神鱼"，所以被保护有加。

碧塔海湿地位于我国川西-滇西北中心，川西-滇西北中心是我国种子植物特有属种高度集中的中心之一。此地的生物种类丰富多样，其中植被主要有6种：草甸植被、湖泊水生植物、硬叶常绿阔叶林、落叶阔叶林、温带针叶林和灌丛。其中，最为常见的群落类型是亚高山草甸和亚高山沼泽化草甸；植物区既有温带，又有热带，但是以温带为主，植物种类也是以温带居多。此地植物区系的另一特点就是特有属高度集中，特有属中的草花属植物仅分布在该区。本带分布的上限是世界广布的亮叶眼子菜群落（图5-16）、水葱群落、丝草群落、芦苇群落，而分布的下限是杉叶藻群落（图5-17）。

碧塔海湿地地处青藏高原东南缘横断山脉三江纵谷区东部，为镶嵌于横断山

▲ 图5-15 高山裸鲤

▲ 图5-16 亮叶眼子菜群落

图5-17　杉叶藻群落

系高山峡谷区断陷盆地中的高原沼泽湿地，地质构造上属滇西地槽褶皱系，古生界印支槽褶皱带，在东部出口处分布有少量石灰岩，其他为大量分布的砂岩、板岩、千枚岩和玄武岩，以及第四系冲积、洪积、冰渍、湖积、坡积和残积物等。主要土壤类型为沼泽土和泥炭土，由于冷凉气候及厌氧条件下有机物质难以分解，形成的沼泽土和泥炭土有机质含量较高。

碧塔海（图5-18）属金沙江水系。湖水补给的主要来源为降雨和降雪，大量

图5-18　碧塔海

降水形成于6月初，湖区多年平均降水量为1 100毫米，为湖水水量补充的重要来源。湖水的另一来源是湖西岸流入湖中的泉水。

碧塔海位于湿地核心部位，它是云南省海拔最高的湖泊，它的东西、南北跨度分别是3 000米、700米。碧塔海的形状如一只活泼可爱的小鹿。碧塔海是受溶蚀作用形成的，东西走向的主断层的南北两岸露出大量的石灰岩，湖中心有溶蚀残丘小岛，这些小岛如同戴在湖面上的帽子。岛上有很多的树木以及鸟类，在春夏之际，万紫千红的花朵开放，鸟类在湖面上飞翔，一派朝气蓬勃的繁荣景象。如果在风平浪静的日子，划船于湖面，我们会看到湖水中嬉戏的鱼群，甚是享受。

碧塔海是青藏高原的重要汇水区，它不仅能接收冰雪融水和降雨后的径流，而且还有效地调节了长江中下游的蓄水防洪，保证了水量平衡。同时，碧塔海湿地为很多动植物提供了良好的生长环境，此处生物多样（图5-19）。除此之外，碧塔海湿地的生态系统所遭受的人为干扰比较小，原始面貌保持得非常好。碧塔海的湖水不仅可以补给地下水，还形成了秀丽的自然景观供人们观赏。

碧塔海素有"高原明珠"之称，其

图5-19　碧塔海湿地黑颈鹤

中最为人所欣赏的就是塔状的小山和宁静的湖水。碧塔海最出名的景观是"杜鹃醉鱼"和"老熊捞鱼"。在每年的端午节前后，杜鹃花都会竞相开放，在微风吹拂下，杜鹃花瓣纷纷落在水面上。这会引来众多游鱼的争抢，在它们吞咽花瓣之后，都会如同醉汉一样摇头，然后栖息在水面上。一段时间之后，有些鱼会醒过来继续遨游，而有的却依然漂浮，疑似"睡着了"。对于这种现象，科学家进行了研究，原来杜鹃花瓣中有少量的毒素，过多吞食会造成死亡，"杜鹃醉鱼"就是这样产生的。传说在夜中，老熊会来捞食那些昏醉之鱼，也就有了"老熊捞鱼"的景观。

3. 香港米埔——后海湾湿地

在繁华和喧嚣的香港有一片难得的天然净土，那里有郁郁葱葱的红树林，茂密的芦苇丛，闲庭信步的各种水鸟……

香港米埔——后海湾湿地位于香港特别行政区新界西北后海湾畔，与广东深圳市交界（图5-20）。此处最为主要的湿地类型是鱼虾池塘和潮间带滩涂。主要保护对象是鸟类（图5-21）及其栖息地。后海湾湿地是滨海湿地，从它被发现以来，就受到了各方面的重视，香港特区政府把米埔划为禁猎区。后海湾湿地于1973被定为"具特殊科学价值地点"，1976世界自然（香港）基金会代为管理，1984被列入《国际重要湿地名录》。

后海湾湿地由天然浅水河口三角洲地带、潮间带滩涂、红树林、基围和鱼塘

图5-20　后海湾湿地位置图

图5-21　后海湾湿地鸟类

组成，其中包括大面积具有生态价值的红树林（图5-22）和基围以及大面积的鱼塘。湿地内的动、植物种类非常多，有7种红树植物，17种哺乳类动物，360种鸟类，21种爬行类，7种两栖类，40种鱼类，400种昆虫（其中50种是蝴蝶），90种海洋无脊椎动物，190种高等植物。在这360种鸟类中，有14种属全球濒危种，特别是东方白鹳、黑脸琵鹭和小青脚鹬3种世界濒危鸟类。每年有很多的越冬水鸟和迁飞候鸟在这里驻足。

图5-22　后海湾湿地红树林

后海湾湿地位于元朗平原（图5-23），它的基层岩石是大理石。大理石形成的过程是：3亿年前石炭纪堆积形成沉积物，在挤压下变成岩石，后来随着地质压力和气温变化，大理石最终形成。湿地的土壤主要分布于米埔、新田和上水区域，它的主要成分是落马州岩层冲积物和崩积物。由于土壤的排水度特别低，所以盐度较高，一般的农作物难以生存。在冬

图5-23　米埔和后海湾湿地

季，鱼塘的水被排干、晒干后，在这些池塘底部的土壤上会发现很多块状的物质，仔细观察后发现其为集结盐晶。此处湿地积水较多，在涨潮时湿地被水所覆盖，在退潮时就会有大片滩涂显露出来，海水积留时间一般为半个月。湿地属亚热带气候，接近温带气候的时间大约为6个月。冬、夏季节有明显的区别，夏季湿热，冬季干燥、暖和。降水主要集中在每年的4～9月。7月气温最高，1月气温最低。

通过考古学家发现的石器和瓷器碎片来判断，人类在新石器时代就已经踏足后海湾湿地。但是，由于资料有限，无法对早年间人类的生活状况有很好的了解。据推测，在10世纪，中国大陆的移民把农业引入米埔，当时主要是小面积种植水稻，慢慢地出现了耕地。1940年，米埔移民开始建设潮汐虾塘。20世纪50年代末至60年代初，米埔移民开始种植蔬菜水果，此时，人们主要是以种植和养鱼为生。养

鱼得到了香港政府的大力支持，养鱼技术也得到了很大提高。从20世纪70年代中期开始，米埔湿地开始受到人为干扰，人类在此处建房，造成了湿地生态价值的逐渐丧失。

4. "西天瑶池"——玛旁雍错湿地

玛旁雍错又称玛法雍错，在藏语中被解释为"永恒不败的玉湖"。关于湖名的来源，有这样一个传说：在11世纪，一场藏传佛教和外道黑教的宗教大战在这里开战。结果，藏传佛教噶举派获胜，为了纪念佛教的胜利，取名"玛旁"。《大唐西域记》中也提到了玛旁雍错，唐朝高僧玄奘将这里称为"西天瑶池"。另外，佛教经典中还把玛旁雍错湖泊称为"世界江河之母"，它是与神山并列齐名的"圣湖"。

西藏玛旁雍错湿地（图5-24、图5-25）位于中国、印度和尼泊尔交界处的西藏阿里地区普兰县，神山冈仁波钦山东南，那木那尼雪峰北侧。

玛旁雍错是地球上高海拔地区淡水最多的湖泊之一，也是西藏高原最具代表性的湖泊湿地。玛旁雍错湿地属内陆湿地，主要湿地类型包括湖泊湿地、高山湿地、灌丛湿地等。符合《湿地公约》国际重要湿地指定标准的1、2、3、4、5、

▲ 图5-24 玛旁雍错湿地

▲ 图5-25 玛旁雍错湿地

7、8，2005年被列入《国际重要湿地名录》。

玛旁雍错湿地栖息着黑颈鹤（图5-26）、斑头雁（图5-27）等大量水禽，也是藏羚羊、野牦牛（图5-28）等

▲ 图5-26 黑颈鹤

▲ 图5-27 斑头雁

珍稀野生动物种群向西藏喜马拉雅山脉迁徙的主要走廊之一。玛旁雍错湿地内共有脊椎动物99种，其中，国家一级重点保护动物有雪豹（图5-29）、胡兀鹫（图5-30）、黑颈鹤等8种；国家二级重点保护动物有棕熊、水獭（图5-31）、猞猁、藏原羚、岩羊、鸢、藏雪鸡等16种；列入《濒危野生动植物种国际贸易公约》附录Ⅰ的动物有棕熊、水獭、雪豹、黑颈鹤等9种，列入附录Ⅱ的种类有狼、猞猁、鸢、金雕、胡兀鹫、鸢、草原雕、秃鹫、高山兀鹫、大鵟、猎隼、红隼等12种。玛旁雍错湿地植物资源丰富，有高等植物34科87属140种，其中，苔藓植物3科4属7

▲ 图5-28 野牦牛

▲ 图5-29 雪豹

▲ 图5-30 胡兀鹫

▲ 图5-31 水獭

种，裸子植物1科1属2种，被子植物30科82属131种。苔藓植物中含种数最多的是丛藓科和真藓科。种子植物中含种数最多的是禾本科，其后是菊科和豆科植物。

玛旁雍错湿地的主要湖泊为玛旁雍错湖，位于普兰县城东北约35千米。湖水面积412平方千米，湖水最深可达70米，湖面海拔4 587米，是世界上最高的淡水湖。湖盆形态北岸宽，南岸窄，长轴26千米，短轴21千米，平均宽度15.9千米。湖岸线平直，周长83千米。流域面积4 560平方千米。玛旁雍错湖是内陆淡水湖，矿化度约400毫克/升，湖水清澈，透明度达14米。拉昂错湖又名兰嘎错湖，第四纪时期与玛旁雍错湖同属一湖，后因气候渐旱，萎缩分离成现状。湖的东、西、南面环山，北面为河积、湖积平原，地势开阔。近似汤勺形，湖面海拔4 572米，长29千米，宽17千米，平均宽9.26千米，面积268平方千米。水温约2℃，集水面积2 551.5平方千米。湖水pH为8.6，矿化度1.02克/升，属中度碳酸盐型微咸水湖。玛旁雍错和拉昂错这两个湖就像是冈仁波钦山的两只眼睛，从外表看来并没有多大区别，但玛旁雍错是淡水湖，而拉昂错是咸水湖。有人说这两个湖像两颗心，一白一黑，白的自然是玛旁雍错，黑的就是拉昂错。

玛旁雍错湿地可以保证周边地区用水，对当地畜牧业生产具有直接意义，同时，对当地形成和保持有利于人类生活的小气候环境具有重要的作用。

5.“鹤的天然乐园”——扎龙湿地

黑龙江扎龙湿地（图5-32、图5-33）位于黑龙江省齐齐哈尔市东南30千米处，是我国以鹤类等大型水禽为主的珍稀水禽分布区，是世界上最大的丹顶鹤繁殖地。扎龙湿地芦苇茂密，鱼虾肥美，为众多水鸟尤其是丹顶鹤提供了栖息繁殖的优良生境。丹顶鹤飘逸的姿态，与芦花一起将扎龙湿地描绘成了一幅优雅的图画。

▲ 图5-32　扎龙湿地

▲ 图5-33　扎龙湿地

"扎龙"来自蒙古语"扎兰",本意为饲养牛羊的圈。扎龙湿地位于乌裕尔河下游,是保护野生动物的自然湿地,主要保护对象是丹顶鹤、白枕鹤等珍禽及湿地生态系统。扎龙湿地符合《湿地公约》国际重要湿地指定标准的1、2、4、5、6。1979年,经黑龙江省人民政府批准建立自然湿地,1987年经国务院批准晋升为国家级自然湿地,1992年被列入《国际重要湿地名录》,2001年被中国人与生物圈委员会批准纳入"人与生物圈湿地网络",是我国最大的以丹顶鹤等鹤类及大型水禽为主体的珍稀鸟类和湿地生态类型国家级自然湿地。

扎龙湿地主要是以湖泊、沼泽、湿草甸三种形式存在的,其中芦苇沼泽面积最大。这里生存着的植物、动物种类特别多,其中,动物种类主要有21种兽类,48科260多种鸟类,9科46种鱼类,277种昆虫。在每年4~5月份,有很多动物会来这里栖息繁衍,其中包括国家一、二级重点保护的丹顶鹤(图5-34)、白鹤(图5-35)、白头鹤(图5-36)、蓑羽鹤(图5-37)、白枕鹤(图5-38)、灰鹤(图5-39)等水禽,另外,还有中日候鸟保护协定种的鸟类。

扎龙湿地的水来源于小兴安岭西麓

▲ 图5-34 丹顶鹤

▲ 图5-35 白鹤

▲ 图5-36 白头鹤

图5-37 蓑羽鹤

图5-38 白枕鹤

图5-39 灰鹤

林区的乌裕尔河，地处平原，地势较为低洼，北高南低。由于地处我国寒冷的东北地区，所以降雪量是非常大的。在春季来临时，冰雪开始融化，水量非常大。在流淌的过程中，这些水经过高山平原，然后来到齐齐哈尔一带乌裕尔河下游地区，在此处与苇塘、湖泊连成一体，然后流入龙虎泡、连环湖、南山湖，最后在杜蒙草原消失。

在扎龙湿地安静的湖水、芦苇中，聚集了众多的动物，喧嚣而又热闹。在这淡水沼泽区，芦苇、苔草、藻类生长茂盛，是动物的乐园。芦苇丛如同一道天然屏障阻挡住了人类"侵略"的脚步。在这丰茂密实、层层叠叠如墙的芦苇丛的保护下，包括丹顶鹤、灰鹤、白枕鹤、白头鹤、白鹤、蓑羽鹤、大天鹅、小天鹅、大白鹭、草鹭、东方白鹳等在内的世界珍稀濒危物种尽情自由地生活着而不被打扰。

扎龙湿地内有着幅员辽阔的海面，湖泊、沼泽星罗棋布，是各种生物生存的好地方。特别是每年春夏之际，各种野生珍禽齐聚这里，整个湿地显得生机勃勃，蔚为壮观。成片的芦苇在微风的吹拂下微微荡漾，真是绝美的风景。此时来到这里，你会感觉俨然进入了世外桃源。每年春暖花开的时节，各种鸟类从遥远的南方迁徙过来，在这里安家筑巢，产卵孵雏。这些鸟类如在外多年的兄弟一样纷纷"回家"，显得分外快乐，吸引了众多游客前来观光。在每年的11月初，严冬将至，鸟儿们又成群结队，飞向南方过冬。

传说在远古时代，这个地方由于是盐碱地，所以寸草不生。人烟稀少，只有几十户人家散居于此。由于植物不能生长，人们只能依靠烧土碱艰难维持生活。有一天，天空突然乌云密布，风力很大，石头和沙砾都被刮起来了。过了半个小时，一切归于平静。突然，人们听到了阵阵哀鸣，随即从天空中落下了一个庞然怪物。当时人们非常害怕，都躲到家里面。但有一个徐姓的大胆壮汉很好奇，于是就提着木棍去看一下情况，结果发现是一条巨龙掉落在干涸的地上。听到这个消息之后，村民们纷纷赶来围观，只见这条巨龙瞪大了双眼，龙角挺立，龙爪深深地抠进干裂的土中。这条龙身长数十丈，簸箕大的鳞片布满了龙身。它挣扎着想飞却飞不起来，只能双目垂泪。看到这种情况，一位银发长者告诉大家："龙是水性天神，能为人间行雨造福，大家赶紧搭棚浇水，救它脱凡归天。"听到长者这样说后，人们纷纷拿出自家的木杆和被褥，为巨龙搭凉棚，还担水浇在龙的身上。但是，当时的天气太干燥炎热了，这些水根本无法挽救巨龙，它身上的鳞片开始脱落。看到巨龙如此难受，人们的心里也不是滋味，纷纷流下了心疼的泪水。后来，人们的善良

感动了天上的"百鸟仙子"，于是，她派丹顶鹤率领白鹤、白头鹤、白枕鹤、灰鹤、蓑羽鹤、大天鹅及众多小鸟飞到人间。这些鸟儿盘旋在巨龙上空，为其呼风唤雨，结果，顷刻间暴雨狂泻、洪水猛涨。得水后，巨龙一跃腾入高空，俯首下望，曲身拱爪向救它性命的人们点首三拜。看到巨龙得救了，人们高声欢呼。谁曾想，巨龙飞走后，人们也得救了。人们发现巨龙飞起的地方，竟成了一个一眼望不到边的大泡子，泡中物产丰饶、鱼虾丰盛、百花斗艳，被龙尾扫过的地方还长出了芦苇。从此，这里风调雨顺，人们过上了幸福的生活，同时也有众多的鸟类来这里安家。我们所熟知的"扎龙"和"鹤乡"就是人们为了纪念与神龙、天鸟的缘分所取的名字。至今，这个美丽的传说还为人们所传颂。

6."世界基因宝库"——洞庭湖湿地

湖南洞庭湖国家级自然湿地（简称洞庭湖湿地）位于岳阳市荆江江段南侧，北与湖北省监利县接壤，是野生动物类型的湿地，主要保护对象是湿地（图5-40）和珍稀鸟类（图5-41）。湿地属内陆湿地，主要湿地类型包括湖泊、永久性河流、时令湖等，符合《湿地公约》国际重要湿地指定标准的1、2、5、6。1982

图5-40　洞庭湖湿地

图5-42　洞庭湖白鹳

图5-41　洞庭湖候鸟云集

图5-43　洞庭湖黑鹳

年经湖南省人民政府批准建立省级自然湿地，1994年经国务院批准晋升为国家级自然湿地，1992年被列入《国际重要湿地名录》。

洞庭湖湿地内有越冬鸟类41科158种；鱼类23科114种；贝类有40多种，其中三角帆蚌、皱纹冠蚌是养殖珍珠的主要贝源；另外，还有螺、虾类及龟鳖等水生动物。国家一级重点保护鸟类有白鹤（图5-42）、东方白鹳、黑鹳（图5-43）、白头鹤（图5-44）、中华秋沙鸭、大鸨等6种，其中，大鸨的最高记录17只，黑鹳的最高记录13只，白鹤的最高纪录37

图5-44　洞庭湖白头鹤

只，白头鹤的最高纪录159只，东方白鹳的最高纪录800只。国家二级重点保护鸟类有天鹅、鸳鸯、白琵鹭、小白额雁（图5-45）、白枕鹤、灰鹤等26种。洞庭湖上最大的鸟群是雁鸭类，最令国内外专家感兴趣的是小白额雁，这种鸟在世界其他地方已经为数不多了，而在洞庭湖有上万只至几万只的大群。洞庭湖湿地内还经常发现中华鲟、白鳍豚、江豚等珍贵动物。自华容县的塔市驿，经岳阳的城陵矶到临湖县的太平口，全长165千米的水域均是白鳍豚活动频繁的区域。洞庭湖湿地被誉为"世界巨大基因宝库""拯救世界濒危物种的希望地"和"人与自然和谐共处的典范"。

洞庭湖湿地有维管束植物159科1 186

▲ 图5-45 洞庭湖小白额雁

种，水生植物40科131种。湿地植物区系属华东区系，地理成分交汇错杂。除中亚成分外，其他14个分布区类型在该区都有分布。东亚和北美间断分布成分及东亚成分在该区植物区系中占有重要地位。另外，北温带成分对该区植物区系影响很大，并出现了较多的特有成分，在该区植被中起着较大的作用。

洞庭湖位于长江中游南岸，面积为2 691平方千米，入湖的河流包括湘江、资水、沅江、澧水4条大的河流以及汨罗江、新墙河等中小河流。洞庭湖是一个大湖泊型宽阔河道，是洞庭湖系中最大的湖泊，湖泊的周围是广阔的沼泽和平原。洞庭湖为一个完整的外流型淡水湖，年平均径流量为3 035万立方米，由岳阳城陵矶泄入长江。流域面积26.28万平方千米，占长江流域总面积的14.6%，其中，湖南省境20.48万平方千米，占78%；贵州省境3.04万平方千米，占11.6%；其余10.4%属桂、川、鄂、赣、粤。流域西部为山地，海拔200～1 000米；中南部为丘陵和盆地，海拔50～400米；北部为平原，海拔25～40米。

洞庭湖湿地属亚热带季风气候，年平均气温为17℃，年平均降水1 300～1 700毫米，4～6月降水占全年一半左右，无霜期258～275天。年平均过湖水量达3 126亿立方米，常年湖容量178亿立方米，水深4～22米，最大水位落差为17.76米，pH6.8～8.6。地貌呈港汊纵横的湿地景观。土壤为湖沼土和河沼土。受"四水"和通长江"三口"（松滋、太平、藕池）

入湖洪水和泥沙影响，洞庭湖逐年淤浅萎缩，蓄纳洪水能力减弱，汛期湖区常发生洪涝灾害。

7. "护岸卫士"——山口红树林湿地

山口红树林国际重要湿地（图5-46）地处广西合浦县东南部沙田半岛的东西两侧，由该岛东侧和西侧的海域、陆域及全部滩涂组成，面积8 000公顷，属南亚热带湿润气候。1990年经国务院批准建立国家级自然保护区，保护类型为海洋和海岸生态系统，主要保护对象为红树林生态系统。

山口红树林湿地海岸线总长50千

图5-46 山口红树林国际重要湿地

米，保护区内分布着发育良好、结构典型、连片较大、保存较完整的天然红树林（图5-47），有红海榄、木榄、秋茄、桐花树等12种红树林植物，其中连片的红海榄纯林和高大通直的木榄在我国非常罕见。保护区有红树林700公顷，宜林滩涂3 000公顷。陆上人工林面积600公顷，林木蓄积量16 883立方米，其中窿缘桉占16 203立方米。这些森林资源的存在，对

图5-47 红树林

保护红树林有着巨大的作用。保护区动、植物资源丰富，有红树植物15种，大型底栖动物170种，鸟类106种，鱼类82种，昆虫258种，贝类90种，虾蟹类61种，浮游动物26种，其他动物16种，底栖硅藻158种，浮游植物96种。保护区内还时有儒艮（俗称"美人鱼"，图5-48）出没活动，海草是它们的主要饵料。山口红树林湿地具有典型的大陆红树林海岸生态系统特征，红树林中栖息着的多种海洋生物和鸟类具有重要的科学研究价值。

图5-48 山口红树林湿地的儒艮

山口红树林湿地的主要保护对象为红树林及其生境。区内鱼类有鲈鱼、真鲷、鲻鱼、梭鱼、弹涂鱼、虎鱼、黄鳝及鳗鲡等。虾类有墨吉对虾、长毛对虾、脊尾对虾、周民新毛虾及中华管鞭对虾等。蟹类有锯缘青蟹、招潮蟹等。贝类有牡蛎、僧帽牡蛎、中国绿螂、蓝虫蛤及泥蚶等。红树林下泥滩底栖生物有沙蚕、蠕虫和星虫，以及蛇类等。栖居于红树林外侧的儒艮是世界稀有珍贵的海洋哺乳动物。林内还栖居有猫头鹰、树鹊、白鹤（图5-49）等鸟类。

图5-49　山口红树林湿地的白鹤

8. "中国黄金海岸"——盐城湿地

滩涂连绵，水草丰茂，鹿鸣鹤舞，这是珍禽异兽的理想栖息地——江苏盐城国家级湿地的景象。

江苏盐城湿地（图5-50、图5-51）又称盐城生物圈保护区（简称盐城保护区），位于盐城市区正东方向40千米，地跨响水、滨海、射阳、大丰、东台5县

图5-50　盐城湿地

图5-51　盐城湿地

（市），最近的城镇为射阳县盐东镇。主要保护类型是内陆湿地和水域生态系统，主要保护对象是湿地及丹顶鹤等珍贵水禽。保护区属滨海湿地，是我国最大的海岸带保护区，海岸线长582千米。主要湿地类型包括永久性浅海水域、滩涂、盐沼和人工湿地等，符合《湿地公约》国际重要湿地指定标准的2、3、4、5、6、7。该区拥有维持特殊生物地理区域生物多样性的动植物种群。1983年经江苏省人民政府批准建立省级自然保护区，1992年经国务院批准晋升为国家级自然保护区，同时被联合国教科文组织接纳为"国际生物圈保护区网络"成员，1996年被纳入东北亚鹤类保护网路，2002年被列入《国际重要湿

地名录》。

盐城湿地内动物种类繁多，且数量众多。有哺乳类、鸟类、两栖爬行类、鱼类、昆虫、腔肠动物、环节动物、软体动物、甲壳动物等。其中，有43种是保护区内的特有物种，这些特有物种主要是鱼类。另外，有62种濒危物种，其中有46种是鸟类。丹顶鹤（图5-52）、白头鹤（图5-53）、白鹤、东方白鹤（图5-54）、黑鹤、中华秋沙鸭（图5-55）、大鸨、白肩雕、白尾海雕等12

种动物是国家一级重点保护的野生动物；河鹿、黑脸琵鹭、大天鹅等67种动物是国家二级重点保护的野生动物。有众多的高濒危物种分布在盐城湿地内，其中，有29种被列入世界自然保护联盟的濒危物种红皮书中。盐城是众多动物良好的栖息地，如大量的丹顶鹤每年都会来这里过冬。盐城是世界上最大的丹顶鹤越冬地，所以被称为"丹顶鹤第二故乡"。很多不同生物界区的鸟类要想实现连接，都需要盐城湿地的帮助。每年当东北亚和澳大利亚的候

▲ 图5-52 丹顶鹤　　▲ 图5-53 白头鹤　　▲ 图5-54 东方白鹤　　▲ 图5-55 中华秋沙鸭

鸟迁徙的时候都会在盐城驻足。与丹顶鹤一样，很多水禽都会选择在这里过冬。

盐城湿地内有植物480种，其中有40种左右为栽培作物，有浮游植物和藻类286种。由陆向海，滩涂植被带可分为苇草带、盐蒿带、无植被带（光泥滩）、米草带。米草带从20世纪60年代开始人工小面积种植，现已发展成宽500~4 000米的植被带。

盐城湿地内的滩涂主要是泥沙堆积而成的。这些泥沙主要是河流下泻的泥沙和海底的部分泥沙。这些泥沙在潮流等海洋动力的影响下形成大面积的粉砂淤泥质滨海平原。陆地水和海洋水是盐城保护区内的主要水源，陆地水的矿化度较高；而海洋水由于受潮汐与风暴作用，经常漫到堤外滩涂。包括灌河、中山河、扁担港、射阳河、黄沙港、新洋港、斗龙港、王港、竹港、川东港、梁垛河、新港等在内的十余条河流横穿盐城湿地并入海。江苏盐城湿地在控制洪水、防护堤岸、滞留沉积物等方面起着很重要的作用。在历史上，古黄河和长江都曾在盐城湿地入海，它们所挟带的泥沙形成了三角洲。

9. 高原上的"灿烂明珠"——青海湖湿地

青海湖（图5-56）是我国第一大内陆湖泊，也是我国最大的咸水湖。它浩瀚缥缈，波澜壮阔，是大自然赐予青藏高原的一面宝镜。

🔺 图5-56 青海湖

青海湖湿地（图5-57）地处青海省刚察、共和及海晏三县交汇处，是野生动物保护类型的自然保护区，主要保护对象是珍稀水禽及其栖息地。保护区属内陆型湿地，主要湿地类型包括盐湖、内陆盐湖和时令碱、咸水盐沼，符合《湿地公约》国际重要湿地指定标准的1、2、5、6。1975年青海省在布哈河成立了鸟岛管理站，1980年经青海省人民政府批准升格为省级自然保护区，1997年经国务院批准晋升为国家级自然保护区。1992年被列入

🔺 图5-57 青海湖湿地

《国际重要湿地名录》。

　　青海湖湿地的西北隅，距布哈河三角洲不远的地方，有两座大小不一、形状各异的岛屿，一东一西，左右对峙。远远望去，这两个岛屿就像一对相依为命的孪生姊妹，相向而立，翘首遥望着远方。这就是举世闻名的鸟岛。鸟岛，因在0.8平方千米的小岛上栖息着数以10万计的候鸟而得名。西边的小岛叫海西山，又叫小西山，也叫蛋岛；东边的大岛叫海西皮，海西皮形似驼峰，面积原来只有0.11平方千米，现在随着湖水下降有所扩大，岛顶高出湖面7.6米。

　　青海湖及环湖地区有兽类41种，鸟类189种，两栖爬行类5种，鱼类8种。鸟类中以水禽为主，主要的4种大型水鸟中，鱼鸥约有9 000多只、鸬鹚近5 000只、斑头雁1.21万余只、棕头鸥2.13万多只。此外，迁徙途经此区停歇的鸟类有近20种，数量达7万多只。国家一级和二级重点保护动物有黑颈鹤（图5-58）、玉带海雕（图5-59）、大天鹅（图5-60）等35种。青海湖湿地是黑颈鹤的栖息、繁殖区，春季有20多只在此栖居，少数进行繁殖。冬季有大天鹅在此越冬，数量最多时达1 540多只。青海湖最著名的鱼类要数裸鲤，俗称青海鳇鱼，每年5～6月是鳇

▲ 图5-58　青海湖湿地的黑颈鹤

▲ 图5-59　青海湖湿地的玉带海雕

▲ 图5-60　青海湖湿地的大天鹅

鱼产卵盛期。保护区有野生植物约50种，均为草本植物。湿草地、沼泽地植被以禾本科的赖草、早熟禾、针茅，莎草科的多种莎草以及菊科、藜科、蓼科等植物为

主。

关于青海湖的名称，在不同的时代和地域有不同的称呼，如青海湖在汉代时称"西海"，在蒙古语中被称"颗颗淖儿"，藏语称"错温布"，其含义均为"蓝青色的湖"。青海湖是新构造断陷湖。在青海湖的形成过程中，经历了三次上升运动，这些运动都促进了新构造的产生，鸟岛就是其中的一例。下古生界浅变质岩是青海湖的基岩。地貌具有高原山地特征，地势西北高而东南低，形成了被群山环绕的封闭式山间内陆盆地。青海湖的形状如同鳊鱼一般（图5-61），口向西北，东、北、西、南分别靠近日月山、大通山、青海南山、柴达木盆地，它是我国最大的内陆微咸水湖。在青海湖的周围聚集着大约40条大小不同的河流，它们都属内陆封闭水系，其中，布哈河、巴哈乌兰河、沙柳河、哈尔盖河、甘子河、倒淌河以及黑马河等7条河流是主要的水系。鸟岛西北部地势平坦，被湖水环绕，人畜是很难进入的，其中沼泽和湿草地占据了沿湖一带。此处是鸟类栖息、繁殖的理想生态环境（图5-62）。湖内耸立着包括沙岛、海心山岛、海西山岛、鸟岛和三块石岛在内的5座岛屿。过去的鸟岛是四面环水的，随着湖水的不断退缩及布哈河三角

图5-61　青海湖形状如同鳊鱼

图5-62　青海湖鸟岛

洲的不断扩展，在20世纪70年代末，鸟岛开始向半岛过渡，正如现在所见，鸟岛的一面立于水中，另一面与湖滨陆地相连。岛上分布着较为稀疏的植被。

10. "沙漠绿洲"——腾格里湿地

腾格里荒漠湿地（图5-63）位于宁夏中卫市沙坡头区，地处温带干旱地区，位于腾格里沙漠东南缘。湿地总面积约2 000公顷。湿地类型包括湖泊湿地、沼泽湿地，主要湖泊有高墩湖（图

5-64)、马场湖(图5-65)、小湖、千岛湖、龙宫湖、荒草湖、碱碱湖等自然湖泊,沼泽为灌丛沼泽。

腾格里湖(主要包括高墩湖和马场湖)的水源主要为沙漠渗漏。腾格里沙漠

▲ 图5-63 腾格里湿地

▲ 图5-64 高墩湖

▲ 图5-65 马场湖

地势倾斜,沙漠年降雨量虽少,但沙层滤水性强,沙漠下的积水在地下隔水层和地势的作用下会在沙漠边缘低洼处渗出。马场湖地区属径流区,汇集了北部沙区的地下水。湖泊为封闭式,水量流失主要为蒸发、渗漏。

腾格里沙漠湿地位于黄河冲积平原与腾格里沙漠之间的缓冲带,由其北侧的沙山地带降雨形成的地下径流,经沙漠渗漏至低洼地形成。腾格里沙漠湿地含地下水的地质构造为不均匀含水岩层,地下水埋深3~17米,井涌水量为50立方米/天以下。地下水水质为弱矿化度的微咸水。

高墩湖呈南北狭窄形状,北高南低,水位落差大,因此在湖中修建了二道挡水堰,把湖分成三部分,即北湖、中湖、南湖。马场湖南高北低,由两处面积不等的湖泊组成。

据《宁夏通志》,腾格里湿地位于腾格里沙漠边缘地带,此处的沙丘多为活动性,呈沙岗状,其间有零星小洼地,沙漠下伏为下更新统、古近-新近系和泥盆系上统。上部风成沙多为透水不含水层,只有在洼地中才可含水,且多与下伏地层中的潜水连成一体;主要受降水、凝结水的补给,水量、水质因地而异。另据《中卫县志》,在沙漠沙山的洼地,自然

形成有许多湖泊，当地群众称其为泉湖，如"一碗泉""艾泉""沙梁泉""沙泉湖"等。

中卫市政府实施了沙漠湿地恢复和保护工程，主要开展了水资源保持、栖息地修复、湿地植被（图5-66）恢复、鸟类（图5-67）保护等项目，目前建立了腾格里沙漠湿地公园（图5-68、图5-69）。湿地恢复，使植被和湿地的面积增加，使沙漠化的土地和退化的湿地得到了有效治理和保护，对于减轻当地及周边地区的风沙危害，抑制沙漠前移、土地沙化及湿地退化均起到了非常重要的作用。

▲ 图5-66 西北地区特有的沙枣树、红柳、香蒲

▲ 图5-67 长脚黑嘴鹬悠闲地在水中漫步

▲ 图5-68 建在湖畔的保护管理站

▲ 图5-69 游客在水中嬉戏

Part
6

山东湿地概览

山东湿地资源丰富，类型多样，分布广。可分为鲁西平原湖区湿地、黄河三角洲及莱州湾湿地、鲁东与鲁东南滨海湿地3大区域。

山东省地处中国东部沿海，拥有15.58万平方千米的广阔陆地和约15.96万平方千米的管辖海域，蕴藏着种类繁多的自然资源，而湿地就是其中最富有魅力的资源之一。

山东湿地分布

山东省湿地资源丰富、类型多样、分布广，湿地总面积约174万公顷。其中，自然湿地可划分海岸、河口湾、河流、湖泊、沼泽5大类型，人工湿地主要包括水库、水稻田、池塘等。

根据自然地理条件差异、生物区系相似性，山东自然湿地可分为鲁西平原湖区湿地、黄河三角洲及莱州湾湿地、鲁东与鲁东南滨海湿地3大区域（表6-1）。

表6-1　　　　　　　　　　山东省主要自然湿地及面积、类型

地区	名称	面积（km²）	类型
鲁西平原湖区湿地	南四湖	1 260	浅水沼泽性湖泊
	东平湖	627	洼地沼泽性湖泊
黄河三角洲及莱州湾湿地	黄河三角洲湿地	6 000	河口三角洲
	莱州湾湿地	1 200	河口三角洲
鲁东与鲁东南滨海湿地	长岛湿地	525	海岸
	荣成湿地	170	海岸
	胶州湾湿地	438	半封闭海湾

山东自然湿地分布如图6-1所示。

1. 近海与海岸湿地

山东省东濒黄、渤海，大陆海岸线全长3 215.3千米，近海及海岸湿地发育典型，分布广泛，面积120.7万公顷，为中国重要的海岸湿地分布区。根据海岸地貌、气候、水文条件以及湿地的形成和发育情况，全省划分为鲁北平原海岸带区、鲁东丘陵海岸带区及5个自然海岸段。

2. 河流湿地

山东省的河流分属黄河、海河、淮河三大流域或独流入海。全省平均河网密度为每平方千米0.24千米，其中长度在10千米以上的有1 552条。河流湿地总面积约3 056.72公顷。

3. 湖泊湿地

山东省湖泊湿地主要分布在鲁中南山丘区与鲁西平原的接触带上，由南四湖和北五湖两大湖群组成，此外，还有大芦湖、白云湖、马踏湖等，湖泊湿地总面积16.5万公顷。2000年11月，山东省南四湖湿地、北五湖湿地、荣成湿地、黄河三角洲和莱州湾湿地、庙岛群岛湿地、黄垒河和乳山河河口湿地、大沽夹河河口和胶州湾湿地被列入《中国重要湿地名录》。

4. 沼泽湿地

山东省沼泽湿地分布较广，但面积较小，大多分布在鲁北平原海岸带区和鲁西湖区地势低洼、排水不畅或季节性积水的地区，呈镶嵌状和零星分布，其上生长一年或多年生草本植物。全省沼泽湿地面

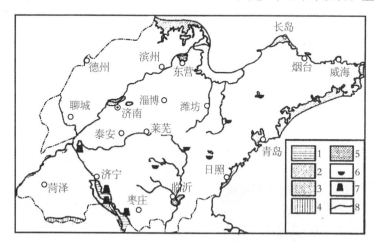

1-湖泊湿地；2-海岸湿地；3-沼泽湿地；4-河口湾湿地；5-水稻田湿地；6-水库湿地；7-池塘湿地；8-湿地界线

▲ 图6-1　山东省湿地类型及其分布略图

积0.4万公顷。

5. 河口湾湿地

山东省河口湾湿地最为典型的有黄河三角洲湿地、黄河故道湿地和莱洲湾湿地。湿地总面积约50万公顷，主要位于渤海湾黄河入海口及黄海的莱洲湾。

6. 人工湿地

山东省自建国以来共修建32座大型、135座中型和5 000余座小型水库，总库容量150多亿立方米，汇水控制面积2.8万公顷，水库湿地总面积10.3万公顷。

山东三大湿地

1. 黄河三角洲湿地

黄河三角洲湿地（图6-2）位于黄河三角洲。黄河三角洲地处渤海西岸，渤海湾和莱洲湾湾口，一般是指以宁海为顶点的近代三角洲和以渔洼为顶点的现代三角洲。就行政区划而言，黄河三角洲的93%属于东营市，7%属于滨洲市。

黄河三角洲处于华北拗陷区之济阳拗陷东端，属于济阳凹陷次一级构造单元，地层自老至新有太古界泰山岩群，古生界

▲ 图6-2　黄河三角洲湿地

寒武系、奥陶系、石炭系和二叠系，中生界侏罗系、白垩系，新生界第三系、第四系。黄河三角洲地势沿黄河走向自西南向东北倾斜。黄河穿境而过，地势近河处高、远河处低，形成"地上悬河"。主要微地貌有古河滩高地、河滩高地、微斜平地、浅平洼地、海滩地5种类型，其中，微斜平地占东营市总面积的54.54%，是三角洲主要的地貌类型，其次为海滩地。

黄河三角洲湿地属暖温带半湿润大陆性季风气候，同时具备河口湿地、三角洲湿地、滨海湿地的特点，主要分布在临海区域，以滩涂湿地为主，形成了一个宽广的扇带。整个三角洲湿地类型丰富，景观类型多样，是世界上最年轻、最广阔、最具特色的湿地。

黄河三角洲湿地的形成具有自身鲜明的特点：

（1）渤海湾的地质结构属沉积结构，其主要特征是长期新构造运动过程中间歇的下沉。由于环渤海海岸是海拔3～5米的平坦地区，有较宽阔的潮间带，这样的地形条件易于形成沿海湿地。

（2）长期以来，黄河每年约有9亿吨的泥沙进入渤海，河口每年向外延伸约2千米，新增湿地20平方千米左右。近年来，由于黄河中上游水土保持、沿黄引水量增加等诸多因素的影响，进入黄河口的泥沙从原来的每年9亿吨减少到5亿～6亿吨，湿地面积的增长速度不断减慢（图6-3）。

（3）渤海沿岸属温暖的半湿润地区，具有典型的季风气候。黄河口多年平均气温为13℃，年均降雨约540毫米，降雨的年内分布不均匀，夏季6～8月的降雨量占全年的66.2%。丰富的降雨和温暖湿润的气候条件适于湿地内植物的生长。

（4）潮流、波浪和风暴潮等海洋动力使湿地扩展或蚀退。黄河口地区潮汐属不规则半日潮，涨潮流和落潮流的历时不等。冬季偏东北方向的寒潮大风经常发生，常常产生较大的波浪，海岸遭受侵蚀。特别是在断流期，侵蚀是明显的，并影响湿地发展的进程。

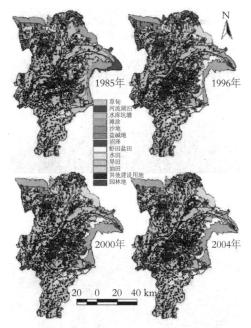

▲ 图6-3 黄河三角洲1985～2004年湿地演化对比图

黄河三角洲湿地类型丰富，景观类型多样，大体可分为天然湿地（图6-4、图6-5、图6-6）和人工湿地两大类，其中，天然湿地所占比重较大，占湿地总面积的68.4%左右，人工湿地占总面积的31.6%。

▲ 图6-4 黄河三角洲盐碱化湿地

▲ 图6-5 黄河三角洲沼泽湿地

▲ 图6-6 黄河三角洲天然芦苇荡

在天然湿地中，淡水生态系统（河流、湖泊）占6.51%，陆地生态系统（湿草甸、灌丛、疏林、芦苇、盐碱化湿地）占48.12%；在人工湿地构成上，黄河三角洲以坑塘、水库为主，占该区人工湿地的57.69%。黄河三角洲上河流纵横交错，形成明显的网状结构，各种湿地景观成斑块状分布。在湿地存在形态上，黄河三角洲湿地以常年积水湿地（河流、湖泊、河口水域、坑塘、水库、盐池和虾蟹池以及滩涂）为主，占总面积的63%，且滩涂湿地在其中占优势地位；季节性积水湿地（潮上带重盐碱化湿地、芦苇沼泽、其他草本

沼泽、疏林沼泽、灌丛沼泽、湿草甸和水稻田）占湿地总面积的37%。该湿地被《中国国家地理》"选美中国"活动评选为"中国最美的六大湿地"第四名。2013年10月被列入《国际重要湿地名录》。

黄河三角洲湿地植被覆盖率高达53.7%，形成了中国沿海面积最大的海滩植被。区内有各类植物393种，其中，有国家二级保护植物野大豆；有天然柳林675公顷，天然苇荡3.3万公顷，天然柽柳林8 126公顷；有人工刺槐林5 603公顷，与自然保护区周边地区的人工刺槐林连成一片，面积达11 300公顷。

保护区是东北亚内陆和环西太平洋鸟类迁徙重要的"中转站"、越冬地和繁殖地。鸟类资源丰富，珍稀濒危鸟类众多。自然保护区内共有鸟类265种，其中，国家一级重点保护鸟类有丹顶鹤（图6-7）、白头鹤（图6-8）、大鸨（图6-9）、白鹳、中华秋沙鸭（图6-10）、白尾海雕、金雕7种；国家二级重点保护鸟类有海鸬鹚、大天鹅、灰鹤、白尾鹞等33种。在《中澳保护候鸟及其栖息环境的协定》中，保护鸟类81种，自然保护区内有51种。在《中日保护候鸟及其栖息环境的协定》中，保护鸟类227种，自然保护区内有152种。

▲ 图6-7　丹顶鹤

▲ 图6-8　白头鹤

▲ 图6-9　大鸨

▲ 图6-10　中华秋沙鸭

黄河三角洲湿地是黄河送给渤海湾的礼物，这片新生的三角洲湿地是环西太平洋鸟类迁徙的中转站，是中国暖温带最年轻、最广阔、保护最完整的湿地。

2. 微山湖湿地

微山湖国家湿地位于山东省济宁市微山县城区南部，距城区不到3千米，是亚洲最大的草甸型湖泊湿地，国家AAAA级旅游景区，2013年当选"中国十大魅力湿地"之一。

2011年12月13日，国家林业局正式批复，批准建立微山湖国家湿地公园。这是山东省济宁市唯一一个国家级湿地公园，也是微山湖区域唯一获批以"微山湖"命名的湿地公园。

微山湖的所有水面都由微山县统一管理。公园总规划面积1万公顷，是以湿地保护、科普教育、水质净化、生态观光为主要内容的大型公益性生态工程。

在微山湖的形成过程中，地壳运动、黄河决溢、人为活动起了决定性的作用。山东省西部、西南部地区地壳长期处于强烈下降过程，形成凹陷区。鲁中南低山丘陵区西流的河流被阻滞于凹陷地带，具备了积水成湖的条件。

宋元以后，黄河经常在鲁西、苏北泛滥，受大量泥沙淤积影响，泗水西岸的地面被逐渐抬高。泗淮下游河床逐渐淤浅，泄水不畅。东、北、西三面的河道持续来水，淤积在泗水东岸的洼地里，由小而大，逐渐形成微山湖的雏形。

京杭运河的开挖，形成了堵截西来黄河淤积物的自然防线。为了防止西来黄河水冲击鲁桥以下泗水河道，逐渐加高了泗水西岸堤防，由此增大了迎淤面和被淤面的高差，逐渐演变为今日的微山湖。

微山湖湿地（图6-11、图6-12）主要由天然湿地和人工湿地组成。其中，天然湿地包括水面湿地和芦苇湿地，人工湿地包括稻田湿地和养殖田湿地。微山湖地区湿地资源依湖而生，各种湿地围绕湖体向外扩展，概括而言，由内向外依次是水面湿地、芦苇和养殖田湿地、稻田湿地。从多年遥感解译情况看，微山湖湿地面积处于稳定增大状态；由于2002年为近百年最为干旱年份，当年出现湿地面积萎缩，为多年最小面积；受降水量偏少及人工开采活动影响，随后年份表现为天然湿地减少、人工湿地剧增的情况。由自然作用和人为作用双重影响而引起的环境地质问题，主要是湿地面积变化大、水环境污

图6-11　微山湖湿地（一）

图6-12　微山湖湿地（二）

染、水资源开采过度、湖区淤积严重、湖泊沼泽化、采空塌陷等。

未来几年，微山县将结合保障南水北调水质安全、维持湖区生态平衡，协调推进湿地保护和合理利用工作，把微山湖国家湿地公园建设成为我国淡水湖泊湿地旅游的精品工程和湿地生态建设的标志性工程，使之成为亚洲最大的湿地公园和湖滨湿地公园的典范（图6-13、图6-14）。

3. 东平湖湿地

东平湖湿地（图6-15、图6-16）处于山东省西南部东平县境内，是国家城市湿地公园，位于大汶河（当地人把大汶河下游称为大清河）入东平湖口处，是一处

图6-13　微山湖湿地鸟类

图6-14　微山湖湿地的万亩荷园

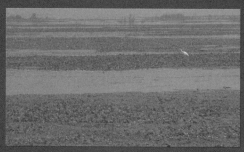

图6-15　八百里水泊——东平湖湿地（一）

图6-16　八百里水泊——东平湖湿地（二）

原生态旅游休闲胜地，属北方罕见的大型湖湾湿地，动、植物资源极为丰富，珍稀动物、名贵草木众多。湿地内港汊纵横、水质清冽、芦苇丛生、鱼跃鸟鸣，构成了一幅秀逸醉人的水上画卷。湿地内还有约3平方千米的水上森林，林在水中，水嵌林影，泛舟其间，如入画中，展现出北国江南的秀美景色。

东平湖是原八百里水泊梁山唯一遗存水域，是山东第二大淡水湖，承接泰莱山区客水和黄河分洪，是滞蓄黄河洪水的大型水库。地理位置独特，淡水资源丰富，蕴藏着众多的生物资源。东平湖平均水深2.5米，是浅水富营养型内陆淡水湖，蓄水面积2万公顷。

东平湖湿地主要由大汶河入湖口湿地、旧县乡出湖口湿地及稻屯洼湿地三部分组成，总面积约4 300公顷。大汶河入湖口湿地南起大汶河入湖口，北至东平老湖镇旅游码头，平均水深1～2米，面积约1 600公顷。稻屯洼湿地位于东平县城西部，由北部山区中小河道及坡水积聚而成，面积约2 500公顷。旧县乡出湖口湿地位于东平湖最北端陈山口水闸上游，出湖口东岸湖滨处，总面积约200公顷。

东平湖自然保护区总面积26 000公顷，其中常年积水面积20 000公顷，有林地1 000公顷、灌丛草甸1 500公顷、耕地3 500公顷。保护区属暖温带气候区，由于气候适宜，雨量充沛，水资源丰富，野生植物十分丰富。根据调查，有木本植物37种，草本植物90种，挺水植物21种，沉水植物11种，漂浮植物4种，浮叶植物4种。东平湖淡水资源丰富，水质良好，因此鱼类资源十分丰富，据调查共有55种，其中鲤科鱼类最多，有32种。

东平湖区为野生动物提供了良好的栖息环境（图6-17），是候鸟和旅鸟取食饮水的重要场所（图6-18）。调查资料显示，东平湖湿地有兽类19种、爬行动物10种、两栖类6种、鸟类162种。

保护区内19种兽类中，国家一级保护动物1种：梅花鹿，现系饲养；国家二级保护动物1种：短尾猴，现系饲养；省重点保护动物4种：赤狐、蓝狐、黄鼬、獾。

爬行动物中，有国家一级保护动物1种：扬子鳄；省重点保护动物2种：乌龟、东方钳蝎。

两栖类动物中，有省重点保护动物2种：金线蛙和黑斑蛙（俗名青蛙）。

鸟类是东平湖湿地的重点保护对象之一，在湿地162种鸟类中，有国家一级保护鸟类4种：大鸨、丹顶鹤、鸵鸟、绿孔雀；国家二级保护鸟类20种，主要有大天鹅、灰鹤、白尾鹞、红隼等。

由于人类的盲目开发，东平湖湿地也面临着诸多生态问题，诸如湿地面积萎缩、功能下降、湖水污染等等，这些均是人为因素所造成的。当地政府已经意识到东平湖湿地保护需大力加强，开始建立保护监管组织体系，实施湿地修复工程。

▲ 图6-17 东平湖湿地芦苇丛

▲ 图6-18 东平湖湿地鸟类——草鹭

Part 7 呵护湿地

勿让地球"肾亏"。

近年来，人类的过度干扰，包括湿地围垦、生物资源和水资源的过度利用、环境污染、水利工程建设、泥沙淤积、海岸侵蚀与破坏、城市建设与旅游业的盲目发展等，导致了湿地生态系统的恶化，主要表现为湿地面积缩小、水质下降、水资源短缺、生物种类减少……湿地正面临着重大的生存危机。

勿让地球"肾亏"，呵护湿地迫在眉睫！

呻吟中的湿地

湿地是目前受到威胁最大的生态系统。近百年来，湿地遭到了严重破坏。由于人类占用、滥用和破坏湿地，导致湿地不断退化和消失，生物多样性锐减，水土流失加剧，水旱灾害频繁。

1. 湿地功能面积减少

由于世界上许多地方对湿地面积缺乏可靠的估计，对湿地也没有明确的定义，湿地面积存在着很大的不确定性。全球湿地面积估计有 $(7\sim8.5)\times10^8$ 公顷。自然因素和人为因素对湿地生态系统的干扰，使湿地面积大幅度减少，其中，土地利用方式变化和人类活动干扰是造成湿地丧失的主要原因。

——地学知识窗——

湿地功能面积

湿地功能面积指可以维持当前环境条件下生态系统健康有序发展，并有一定的抵抗外来干扰能力的面积。

（1）世界湿地面积的丧失

据估计，在全球范围内，湿地损失大约50%，这仅是根据许多工业化地区和国家（西欧，美国东部和中西部，加拿大，部分的亚洲和澳大利亚）已经损失一半以上（经常90%或更多）的湿地面积估计的。当然还有许多地区，特别是北温带和热带地区，有大量湿地保存着。

在一些国家，大部分的湿地生态系统已经遭到了严重的破坏，湿地面临着严重的危机，其中最为明显的表现是生物多样性减少，湿地丧失了其特有的功能。相关资料表明，全球有接近一半的湿地生态系统已经消失，在世界各地，人们还在以各种方式去破坏剩下的泥炭沼泽等湿地。如今，随着湿地的消失，其特有的动、植物也濒临灭绝，如在印度-马来西亚地区，有大量的红树林因被开辟为水产养殖场而被砍伐殆尽。产生如此严重情况的最主要原因是人为活动，包括排放污水、开发沿海、开辟农田、工业建设、消耗能源和建设居住地。另外，还包括动植物资源的过度开发、空气和水质遭到污染以及气候发生变化。但从根本上说，对湿地造成威胁的主要还是人类。各种因素所造成的综合结果是湿地消失的速度更快。据《雅加达邮报》的相关资料，我们可以知道印度尼西亚群岛上的红树林、沼泽和泥炭地等湿地不断减少，主要是人类进行渔业养殖、开发住宅和大量种植农作物造成的。当然客观来说，我们不能把所有的责任都归咎于人类，自然干扰所起的破坏作用也是很大的，包括洪水、干旱等自然灾害。

近一个世纪以来，由于大量对湿地进行开发，欧洲的湿地明显减少，湿地损失率在50%以上。

美国从殖民时期到20世纪80年代，全国（本土48州）损失湿地约53%，其中的北美五大湖区损失70%左右。从18世纪80年代到20世纪80年代，200年的时间美国损失至少50%的原始湿地，其中，印第安纳州、伊利诺伊州、密苏里州、肯塔基州、爱荷华州、加利福尼亚州和俄亥俄州7个州原始湿地面积损失80%以上。自20世纪70年代以来，路易斯安那州、密西西比州、阿肯色州、佛罗里达州、南卡罗来纳州和北卡罗来纳州的湿地面积损失巨大。据美国内政部报告说，在1986～1997年期间，湿地下降率达80%。美国农业部全国资源保护局的报告称，1992～1997年期间湿地损失数量平均，每年为32 600英亩（1英亩=4 046.86平方米）。

（2）中国湿地面积的丧失

中国幅员辽阔，地理环境复杂，气候多样，造就了国际《湿地公约》列出的全部湿地类型，提供了巨大的经济效益、生态效益和社会效益。然而随着人口的急剧增加，为扩大农业用地和发展经济，对湿地的不合理利用导致了中国天然湿地日益减少。

在长江中下游地区，由于盲目围垦造成湿地面积大量减少，急剧削弱了湿地对洪水的调蓄和缓冲功能，助长了洪水泛滥，也导致了湖泊面积大为缩小。

洞庭湖湖群是我国面积最大的湖泊湿地，面积87.7×10⁴公顷，于1992年被列入《世界重要湿地名录》；从20世纪50年代至今，垦殖率高达50%以上。

沿海滩涂湿地是中国所有湿地类型中受破坏最严重的，中国海岸自20世纪50年代以来全线开展了围海造地工程。至20世纪80年代末，全国围垦的海岸湿地达119×10⁴公顷，围垦的湿地81%改造成农田，19%用于盐业生产；另有城乡工矿用地100×10⁴公顷，两项合计达200×10⁴公顷以上，相当于沿海湿地总面积的50%。

由于水产养殖、围海造田、乱砍滥伐等不可持续利用和过量开发，大面积的红树林被砍伐。据1957年的自然资源清查资料，全国的红树林面积为4万公顷，而1981～1986年中国海岸带和海涂资源综合调查资料显示，红树林面积为18 841.7公顷。

随着人类对湿地的大规模开发和气候变化，三江平原湿地的面积减少，质量降低。相关人员用RS和GIS手段对1980年三江平原沼泽图进行数字化处理，对1996年和2000年三江平原遥感图像进行解译，分别计算出三江平原各市县的湿地面积。发现20年间，三江平原湿地面积明显减少，减少了53.4%，其中，20世纪80年代减少得较快，1980～1985年5年间湿地面积减少了37.8%，而1996～2000年4年间湿地面积仅减少了4.2%。

2. 湿地组织结构破坏

湿地的组织结构主要指生物群落结构和生态景观结构（刘玉红等，2003）。在生物群落结构中，一般来说，生物种类越多，数量越大，食物链结构越复杂的湿地，其发展越成熟。在生态景观结构中，斑块、基质、廊道等景观大小适中、数量适宜、结构合理，更有利于生物栖息、繁衍，能有效地促进湿地系统中物质、能量的流动和转化，维持系统平衡发展（张晓龙和李培英，2004）。

湿地退化，其生物群落结构和生态

——地学知识窗——

湿地污染

湿地污染指湿地中某些成分超过正常含量或因排入有毒有害物质，对人类生存及湿地健康造成危害。

景观结构将发生巨大的变化。生物种群简单，数量减少，食物链单调，景观结构组成不协调，难以有效调节湿地系统使其健康发展等现象，均是湿地退化的重要表征。

3. 湿地污染

目前，湿地污染非常严重，湖泊富营养化问题突出。随着社会经济的快速发展，湿地污染将在很长时期内依然严重。

湿地污染是湿地退化的重要标志，也是中国湿地面临的最严重威胁之一。工业废水和生活污水排放，以及农业面源污染使许多河湖（如巢湖、滇池、太湖等）湿地及沿海水域水质恶化，加速了某些湿地水体的富营养化和寄生虫的流行，生物多样性受到严重危害。

我国的主要湖泊中有52%以上受到不同程度污染，主要污染物是有机物、酚、氨氮等。湖泊普遍受到氮、磷等营养物质的污染，富营养化程度严重，75%的天然和人工湖泊出现富营养化，其中10%的湖泊达到严重的富营养化程度。

洞庭湖，美丽的湖面，加上湖畔名扬中外的岳阳楼，令多少人心驰神往。然而目前，洞庭湖水渐渐失去了原有的魅力，不同程度地患有"白血病"。初步统计，仅湖区就有工业污染源1 803个，其中造纸、化工、印染和食品业有141个，这些污染源多年平均每年排放污水3.5亿吨，其中含各种污染物134.3万吨；此外，湖区农业生产每年施用化肥1 200千克/公顷，农药100千克/公顷，这些化肥和农药除部分被吸收外，大部分变成污染水体的污染物。目前，全湖处于中等富营养化状态，全湖总氮、总磷超标现象十分突出，如果对此不加以控制，后果将不堪设想。

4. 珍稀物种生存危机

20世纪50年代以来，地球上的森林面积已从76亿公顷（占地球陆地面积的2/3）减少到不足28亿公顷。地球上湿地面积亦减少一半以上，森林和湿地面积的减少大大加快了物种消失的速度。有专家预测，其消失速度将会从每天一种提高到每小时一种！这比物种自然消失的速度要快1 000倍以上。种群的个体数减少到一定限度时，该生物的遗传基因库便有丧失的危险，最终导致物种解体。物种解体即资源解体，生物物种一旦灭绝则不可能再生。

中国湿地科学工作者从20世纪50年代以来，开展了一系列湿地资源考察，积累了大量第一手资料。据现有统计资料，已知湿地珍稀濒危高等植物有102种，占全国珍稀濒危高等植物（1 009种）的10.1%，其中，珍稀濒危苔藓植物3种，蕨类植物4种，裸子植物2种，被子植物93种；湿地珍稀濒危脊椎动物约有99种，约占全国已知珍稀濒危脊椎动物总数（398种）的24.9%，其中，哺乳类濒危物种有9种，鸟类44种，爬行类13种，两栖类6种，鱼类27种。

"洪湖水呀，浪呀吗浪打浪啊，洪湖岸边是家乡"，这优美的歌声曾经传唱大江南北，使得洪湖远近闻名。然而现在，洪湖还是那个洪湖，但已渐渐失去了往日的风姿——动、植物种类和数量剧减的现实令人担忧。洪湖在20世纪70年代有水禽112种和5个亚种，其中一、二类保护珍禽15种；70年代后，有8种珍禽难觅踪影，经济水禽资源也大幅下降，野鸭年产量由35万千克下降到1992年的3.5万千克。与此同时，鱼类的种类由20世纪40年代的100余种下降到50余种，鱼类产量下降且鱼越来越小；水生植物由1961年的92种下降到80年代的68种，水生植物的生物量由20世纪50年代的10 035吨减少为1991年的2 450吨。

5. 湿地退化释放温室气体

由于湿地面积减少和功能下降，一些内陆湿地丧失了淡水存蓄、调洪蓄洪功能，加剧了水资源危机并增加了洪水灾害风险。此外，湿地是地球上碳的"封存容器"，湿地占陆地面积的6%，却固定了1/3的碳元素。另一方面，湿地泥土中腐烂的植物产生的二氧化碳、甲烷含量较高。随着湿地被破坏、急剧退化，泥土间隙内储藏的温室气体"逃逸"出来，使地球变暖的速度加快。

6. 水资源的不合理利用

水资源的不合理利用主要表现为在湿地上游建设水利工程，截留水源。新中国成立以来，水利工程建设得到飞速发展。据不完全统计，目前已修筑堤防25万千米，建造各类船闸3万余座，兴建各类水库816万余座，这些水利工程在我国经济建设和社会发展中发挥了重大作用，产生了巨大的社会、经济效益，但同时也造成了一些不良的环境影响，一定程度上推动了工程区域范围内湿地的退化。人为修建水库和堤防，特别是随着水库库容和堤防长度、高度的增加，拦截水源使得河流下游以及周围的水利联系减少乃至被切断。一方面，这减少了平原区湖泊、沼泽、滩涂等湿地的上游来水；另一方面，水利工程切断了内流区的外泄通道，导致湖泊萎缩、沼泽化，沼泽湿地变干、萎缩，使地表盐分难以向下游排泄而加剧湿地盐碱化。如长江三峡水利工程的建设对下游洞庭湖等多个湖泊造成了较大影响，湿地生态系统遭到破坏。

7. 反思

有一个古老的故事，故事的梗概是：

一位仁慈善良的老母亲，年轻时守寡，为了不让自己的儿子受委屈，未再嫁人，含辛茹苦地将儿子养大，自己却在生活的磨难中渐渐地衰老，完全失去了独立生活的能力，依靠儿子供养。俗话说："久病床前无孝子。"时间长了，儿子觉得母亲是个累赘，决定将其抛弃在深山之中。儿子背起母亲向深山走去，尽管儿子把理由说得天花乱坠，娓娓动听，但是"知子莫如母"，母亲深深地懂得了儿子的心。一路上母亲不断地折树枝放在地上，儿子大惑不解，问母亲："您为什么要折树枝呢？"母亲从容地回答："这里山高路陡林密，我担心你回去迷路，这是给你做路标用的。"母亲的话像一记闷棍打在儿子头上，顿时使他清醒，使他良心发现：如果将如此善良、生我养我的母亲抛弃在荒郊野外，我还有何面目生存在这个世界上，我还是一个人吗？！儿子一言不发，默默地将母亲背回家中。自此之后，儿子善待母亲，以其所能，报答母亲的养育之恩，母亲过上了幸福的生活，欢声笑语又盈荡在茅草屋的上空。

想起这个故事，真是别有一番滋味在心头！我们人类对待湿地的态度，不就像这则故事中的儿子对待母亲吗？！

湿地赐予我们人类的恩惠是我们难以报答的，就像我们难以报答母爱一样。

珍爱湿地，别再让给我们造福的湿地受伤害，她已经伤痕累累了，她的负载太重了！珍爱湿地，就是珍爱我们人类自己，就是珍爱我们的子孙后代！

拯救湿地在行动

令人欣喜的是，随着全世界对湿地认识的逐渐改变，湿地作为生态系统已经开始受到重视和保护。我国也不例外，从1992年加入《湿地公约》以来，我国在保护湿地方面取得了长足进步。但是，由于人口过快增长以及经济发展压力较大，湿地遭受人类破坏的现象并没有受到完全遏制，保护湿地仍然是任重而道远的。

1. 湿地保护运动

湿地作为一种独特的生态系统，是受水陆双重作用而形成的，它有着自然界中生物种类最为多样的生态景观，也是人类赖以生存的环境。湿地在蓄洪防旱、调节气候、控制土壤侵蚀、促淤造陆、降解环境污染等方面发挥着不可替代的作用。所以，人类要尽其所能地保护湿地、恢复湿地。

（1）湿地生态恢复

人类社会的长足发展离不开湿地的重要作用，同样，湿地的发展也需要人类的爱护和支持，所以二者关系非常密切。现在很多地方的湿地都面临着退化，其过程主要是：湿地面积减少——湿地水质改变——湿地生物多样性降低。为了防止湿地退化进一步恶化，我们应采取措施保护现有湿地、恢复退化湿地，尽量发挥出湿地的生态、社会和经济效益。这将是湿地的福音，是人类与湿地和平相处的具体表现，也是人类对湿地认识升华的结果。

①湿地水质恢复

中国对湿地恢复的研究与实践相对较晚，最初主要是对湖泊的富营养化进行治理。20世纪70年代，中国科学院水生生物研究所利用水域生态系统中藻菌共生的生态工程技术，改善了污染严重的湖北鸭儿湖湿地的水质。此后，对东湖、巢湖、滇池、太湖、洪湖、白洋淀等浅水湖泊的富营养化控制和生态恢复进行了大量研究，获得了许多成功的经验。洞庭湖的湿地生态工程模式是，减少入湖泥沙量，稳定湿地面积，保障湖泊的调蓄功能。云南洱海湖滨带的生态恢复，提出水生植被恢复、防护林或草林复合系统、污水处理、林基鱼塘等湖滨带生态恢复技术。

②湿地水量恢复

近年来，水资源的过度开发利用导致许多湿地因来水量减少而干涸。为了满足生态用水的需求，一些重要湿地纷纷采取紧急补水措施，对湿地进行灌溉以解燃眉之急。如贵州草海的湿地蓄水工程，恢复了水面面积，生物物种已得到恢复；又如吉林省向海自然保护区的引霍入向和引察济向工程，黑龙江省扎龙自然保护区的引嫩补水工程等等。

③湿地生物恢复

目前，国内在这方面比较有代表性的就是长江口湿地的保护与研究工作。从1997年开始，在长江口地区先后实施了九段沙促淤引鸟生态工程、中华鲟种群生态恢复工程，取得了较好的效果。2001年，开始营建崇明生态示范园区，实施底栖生物人工放流等湿地生态修复工作，并已初见成效。

④湿地面积及调蓄洪水功能的恢复

1998年夏季，长江、松花江、嫩江等发生的特大洪水严重危害了人民的生命财产安全。为了防止类似灾害再次发生，国务院提出32字方针："封山植树，退耕还林；平垸行洪，退田还湖；以工代赈，移民建镇；加固干堤，疏浚河湖。"这推动了湿地恢复的进程。为了建设长江综合防洪体系，国家大力投资，这项工程非常有利于湿地水面的恢复。这项工程是非常具有历史意义的，它是我国历史上第一次从围湖造地、人水争地，转变为主动地大规模退田还湖，给洪水以出路。

⑤建立人工湿地处理污水

人工湿地在低成本治理污水方面显示出了极大的优势，具有广阔的发展前

——地学知识窗——

人工湿地

人工湿地指由天然湿地发展而来，通过模拟天然湿地的结构与功能，选择一定的地理位置和地形，根据人类的需要人为设计与建造的湿地生态系统。

景。中国在人工湿地处理污水方面，已经从技术研究和发展阶段转向实际应用阶段。深圳洪湖人工湿地系统日处理污水1 000吨，对主要污染物的去除率达到80%以上。目前，深圳已新建和设计了更大规模的人工湿地项目，人工湿地处理污水总能力将达到每天4.2万吨。上海南汇污水处理厂利用天然芦苇湿地处理污水，日处理污水能力达5万吨。云南省澄江县抚仙湖窑泥沟人工湿地，年净化污水350万吨。云南省将在九大高原湖泊大力推广人工湿地技术。北京市丰台区在水衙沟二期治理工程中，拟在万丰路西侧建两个人工湖，水面3.5万平方米，一个5 000平方米的人工湿地也将建成，这将是京城南部首个人工湿地景观。成都市有关部门也拟投资2 000万元在凤凰河建设全国最大的治污湿地。人工湿地除了处理污水的功能外，还可以满足野生动物的需要，也可以作为旅游区和湿地教育基地。

（2）建立湿地自然保护区

建立湿地自然保护区能够减少人类活动对湿地的干扰和破坏，是保护湿地及其野生动、植物的基本手段。中国从20世纪70年代开始建立湿地自然保护区，截至2015年年底，全国已建立49个国际重要湿地、570多个湿地自然保护区和900多个

湿地公园，共有2 324万公顷湿地得到保护，使我国湿地保护率由10年前的30.49%提高到43.51%。

全国近44%的天然湿地和33种国家重点保护水禽在保护区内得到有效保护。这些自然保护区的建立抢救性地保护了一批濒危野生动物的栖息地，在维护湿地生物多样性和湿地资源方面起到了显著效果。《全国湿地保护工程规划》提出的总体目标是到2030年，使全国湿地保护区达到713个，国际重要湿地达到80个。

（3）加强湿地保护国际合作

中国与国际社会开展了广泛的交流与合作（图7-1），参加了有关国际公约，并与许多周边国家和地区签订了一系列有关湿地保护的协议或协定。通过国际间合作增加了湿地保护的资金投入，国外许多先进技术和管理方法在中国湿地保护工作中得到了应用，促进了中国湿地保护事业的发展。

为加强国际合作和提高履约能力，国家林业局专门成立了《湿地公约》履约办公室。2005年11月，在《湿地公约》第九届缔约方大会上，中国政府首次当选为《湿地公约》常务理事国。

我国已加入的与湿地有关的国际公约主要有《国际捕鲸管制公约》《濒危野生动植物种国际贸易公约》《联合国海洋法公约》《防止倾倒废物及其他物质污染海洋公约》《保护世《湿地公约》《生物多样性公约》《联合国气候变化框架公约》《联合国防治荒漠化公约》等。

中国与世界自然基金会、湿地国际、世界银行、联合国开发计划署、全

图7-1 国际湿地研讨会

球环境基金（图7-2）、联合国教科文组织、国际自然保护联盟、国际鹤类基金会等国际机构和组织在湿地野生动物保护、湿地调查、湿地自然保护区建设以及人才培训等方面进行了合作。1996年成立"湿地国际——中国项目办事处"。中国已经有内蒙古达责湖等4个湿地自然保护区被纳入世界"人与生物圈"自然保护网络。2000～2005年，由全球环境基金（GEF）提供资助，中国政府和联合国开发计划署共同执行的"湿地生物多样性保护与可持续利用项目"，项目总金额1 400多万美元，在黑龙江三江平原淡水沼泽、江苏盐城沿海滩涂、湖南洞庭湖淡水湖泊和四川、甘肃两省交界的若尔盖高寒沼泽等4处项目区开展湿地保护和研究示范活动。

中国政府分别与日本、澳大利亚政府签订了中日、中澳候鸟保护协定，与俄罗斯政府签订了中俄两国共同保护兴凯湖湿地的协定，加强了与周边国家和地区合作对候鸟，特别是对跨国迁徙水鸟及其栖息地的保护工作。

历届世界湿地日（*每年的2月2日*）主题：

1997年，湿地是生命之源；

1998年，水与湿地；

1999年，人与湿地；

2000年，庆祝我们的国际重要湿地；

2001年，探索湿地世界；

2002年，湿地——水、生命和文化；

2003年，没有湿地就没有水；

2004年，从高山之巅到大海之滨，湿地无处不在为我们服务；

2005年，湿地文化多样性与生物多

图7-2 全球环境基金（GEF）项目

111

样性；

2006年——湿地，减贫的工具；

2007年，湿地支撑渔业健康发展；

2008年，健康的湿地，健康的人类；

2009年，从上游到下游，湿地连着你和我；

2010年，湿地、生物多样性与气候变化；

2011年，森林与水和湿地息息相关；

2012年，湿地与旅游；

2013年，湿地和水资源管理；

2014年，湿地与农业；

2015年，湿地——我们的未来。

2. 完善法制体系

要想实现湿地既能被较好地保护，又能得到可持续的开发、利用和完善的局面，离不开完善的政策和法制体系。建立湿地管理的经济政策体系，既包括建立对威胁湿地生态系统活动的限制性政策，也包括建立有利于湿地资源保护活动的鼓励性政策。这些政策对保护中国湿地和促进湿地资源的合理利用非常有意义，而且能够提高人们保护湿地的积极性，发展旅游业，促进区域经济发展。另外，还要建立和完善法制体系，当有人违反相关的规

定，破坏湿地生态系统时，要依法惩处，只有这样，才能实现各方面协调运转。其中，建设政策和法律体系的行动主要有：

（1）评估现有的法律政策，既要消除制约、阻碍湿地保护和合理利用发展的内容，还要增补其中缺少的、不完善的内容，做到查缺补漏，制定完善的国家湿地政策。

（2）在市场经济体系下，国土资源的利用应该与经济运行紧密结合，不仅要鼓励、引导人们保护与合理利用湿地、杜绝破坏湿地，而且要建立、完善相应的经济政策体系。政策之一：补偿湿地开发和利用中的费用与加强生态恢复管理相结合；政策之二：天然湿地开发的经济限制与人工湿地整理、开发的经济扶持相结合；政策之三：社会和个人集资捐款与全社会参与保护湿地相结合……

（3）制定鼓励节约利用湿地自然资源和在部门发展中优先注意保护湿地生物多样性的政策，在投资、信贷、项目立项、技术帮助等方面解决政策引导问题。

（4）制定全国性的专门保护和可持续利用湿地的法律法规。通过法律法规的形式向公众呈现湿地开发利用所必须遵循的方针、原则和行为规范，明确各自的职责范围，以及相关的违纪处理办法。这可

以为从事湿地保护与合理利用的管理者、利用者等提供基本的行为准则，并实现湿地立法与水资源的综合管理、环境规划、生物多样性保护、国土利用规划、国际公约等的协调。

（5）鼓励地方立法机构根据国家制定的法律、法规建立并完善地方性法规、规章，同时，注重发挥社会各界以及当地的民间保护习俗、乡规民约等的综合作用。

（6）加强执法人员培训，提高执法人员的素质；对执法的技术、手段加强研究。

（7）加强执法力度，严格执法，通过经济和法律手段，惩处那些破坏、过度和不合理地利用湿地资源的行为，打击破坏湿地资源的违法犯罪活动；建立联合执法和执法监督的体制。

3. 加大宣传力度，重视人才培养

能否真正实现保护和合理利用湿地资源，公众和管理决策者对湿地重要性的认识和观念能否得到转变是关键。在湿地保护行动的推动过程中，一些长期形成的传统观念和认识严重阻碍了行动的进行，所以必须要采取相应的措施改变这种状况，其中最为直接、广泛而有效的方式就是加强宣传教育和培训，不断提高公众对湿地，特别是对湿地功能、效益的认识，从而形成有利于湿地保护的良好的环境和氛围。其中最主要的行动有：

（1）通过开展常规性的公众宣传教育活动，以多种形式，大力宣传有关湿地和湿地保护与湿地资源可持续利用方面的知识，提高公众对湿地和湿地保护重大意义的认识。

（2）为了提高公众的湿地保护意识，有关部门及组织应该大力开展各种形式的宣传教育活动，使人们认识到湿地的功能、生态和经济效益。在"世界湿地日""爱鸟周"和"野生动物保护月"等具有国际性意义的日子里，各级部门可以印刷宣传单，编辑出版宣传保护湿地的书籍、画册、电影以及录像片，在现有的湿地设立保护宣教中心，实现宣教与野外观摩的结合……这一系列的活动必定能够增加公众对湿地的认识，只要有了认识，公众也必然会有所行动。

（3）组织专家和专业技术人员编写用于科学普及、基础教育和专业人员培训的科普书籍和专业教材，广泛普及湿地和湿地保护的科学知识，并注重对成人的教育。

（4）将关于湿地保护和生物多样性保护的内容，列入中小学及高等院校有关

专业的教学计划。

（5）通过多种途径，培训湿地管理和科研专业人才。部分高校、科研单位可根据实际情况设立与湿地保护有关的研究方向或专业领域，并通过有计划地选派留学生、进修生、出国访问学者等途径，培养湿地保护与管理的高级专业人才。

（6）依托湿地自然保护区，建立游客教育中心，宣传湿地保护的重要意义，并建立全国和大区的湿地管理人才教育培训基地、公众教育基地。

（7）开展湿地保护管理人员培训需求分析，并针对需求进行课程和培训教材设计，编制湿地保护管理人员培训规划，培养师资，开展湿地保护管理人员在职培训工作，提高各层次管理人员技能。

（8）加强各部门间湿地保护与合理利用管理人员的培训交流工作，引进国外有关专业讲座与培训，并广泛开展与国外的培训交流工作。

附　录

中国国际重要湿地名录

1992年首批被列入的7个国际重要湿地

黑龙江扎龙国家级自然保护区

青海鸟岛国家级自然保护区

海南东寨港国家级自然保护区

香港后海湾国际重要湿地

江西鄱阳湖国家级自然保护区

湖南洞庭湖国家级自然保护区

吉林向海国家级自然保护区

2001年第二批被列入的14个国际重要湿地

黑龙江洪河国家级自然保护区

黑龙江三江国家级自然保护区

黑龙江兴凯湖国家级自然保护区

内蒙古达赉湖国家级自然保护区

内蒙古鄂尔多斯遗鸥国家级自然保护区

大连斑海豹国家级自然保护区

江苏大丰麋鹿国家级自然保护区

江苏盐城国家级珍禽自然保护区

上海崇明东滩鸟类自然保护区

湖南南洞庭湖省级自然保护区

湖南汉寿西洞庭湖省级自然保护区

广东湛江红树林国家级自然保护区

广东惠东港口海龟国家级自然保护区

广西山口红树林国家级自然保护区

2005年第三批被列入的9个国际重要湿地

辽宁双台河口湿地

云南大山包湿地

云南碧塔海湿地

云南纳帕海湿地

云南拉什海湿地

青海鄂陵湖湿地

青海扎陵湖湿地

西藏麦地卡湿地

西藏玛旁雍错湿地

（续表）

2008年第四批被列入的6个国际重要湿地	
福建漳江口红树林国家级自然保护区	湖北省洪湖省级湿地自然保护区
广西北仑河口国家级自然保护区	上海市长江口中华鲟自然保护区
广东海丰公平大湖省级自然保护区	四川若尔盖湿地国家级自然保护区
2009年第五批被列入的1个国际重要湿地	
浙江杭州西溪国家湿地公园	
2011年第六批被列入的4个国际重要湿地	
黑龙江省七星河国家级自然保护区	黑龙江省珍宝岛国家级自然保护区
黑龙江南瓮河国家级自然保护区	甘肃省尕海则岔国家级自然保护区
2013年第七批被列入的5个国际重要湿地	
山东黄河三角洲湿地	
武汉蔡甸沉湖湿地自然保护区	吉林莫莫格自然保护区
神农架大九湖国家湿地公园	黑龙江东方红湿地自然保护区
2015年第八批被列入的3个国际重要湿地	
甘肃张掖黑河湿地国家级自然保护区	
安徽升金湖国家级自然保护区	
广东南澎列岛海洋生态国家级自然保护区	

参考文献

[1]孔庆友. 地矿知识大系[M]. 济南:山东科学技术出版社, 2014.

[2]刘子刚, 马学慧, 等. 中国湿地概览[M]. 北京:中国林业出版社, 2013.

[3]冀海波. 湿地:守住地球最后一片绿[M]. 兰州:甘肃科学技术出版社, 2014.

[4]雷昆, 张明祥. 中国的湿地资源及其保护建议[J]. 湿地科学, 2005:81-86.

[5]姜文来, 袁军著. 湿地[M]. 北京:气象出版社, 2004.

[6]李玉凤, 刘红玉. 湿地分类和湿地景观分类研究进展[J]. 湿地科学, 2014:102-108.

[7]隋群. 山东省湿地生态系统服务功能评价[D]. 济南:山东师范大学, 2014:21-32.

[8]刘丽云. 黄河三角洲湿地演化及其驱动力研究[D]. 济南:山东师范大学, 2007:8-23.

[9]牛振国, 张海英, 等. 1978~2008年中国湿地类型变化[J]. 科学通报, 2012(16).

[10]吕宪国. 湿地生态系统保护与管理[M]. 北京:化学工业出版社, 2004.

[11]宋长春. 湿地生态系统对气候变化的响应[J]. 湿地科学, 2003, 1(2):122-127.

[12]崔保山, 杨志峰, 等. 湿地学[M]. 北京:北京师范大学出版社. 2006.

[13]刘红玉. 中国湿地资源特征、现状与生态安全[J]. 资源科学, 2005(3):54-59.

[14]刘红玉, 李玉凤, 曹晓, 等. 我国湿地景观研究现状、存在的问题与发展方向[J]. 地理学报,
    2009(11):1394-1401.

[15]刘厚田. 湿地的定义和类型划分[J]. 生态学杂志, 1995(4):73-77.

[16]郎惠卿. 中国湿地研究与保护[M]. 上海:华东师范大学出版社, 1998:63-67.

[17]唐小平, 黄桂林. 中国湿地分类系统的研究[J]. 林业科学研究, 2003(5):531-539.

[18]韩大勇, 杨永兴等. 湿地退化研究进展[J]. 生态学报, 2012, 32(4):1293-1307.

[19]李青山, 崔勇. 湿地功能研究进展[J]. 科学技术与工程, 2004, 4(11):972-975.